ミドリムシ博士の超起業思考

ユーグレナ 執行役員 研究開発担当
鈴木健吾 著

ユーグレナ最強の
研究者が語る世界の変え方

日経BP

はじめに

私が初めてユーグレナ（和名：ミドリムシ）に出合ったのは、大学3年生のときだった。大学の研究室で取り組んでいるテーマについて説明を受けているときに、研究室の片隅にあった緑色のフラスコに目を奪われた。担当教授の話を聞くうちに、「こんな面白い研究があるのか」とその魅力に引き込まれた。知れば知るほど、ユーグレナの研究を進めてきた先輩研究者たちの後継者になりたいという思いが募った。これまでの知見を1つ残さず引き継ぎたいと、私はユーグレナ社の創業者である出雲充（現社長）と共に深夜バスに揺られながら、全国の研究者を次々と訪ねるようになっていった。

そして、2005年12月16日。私たちユーグレナ社が沖縄県石垣島に実験用として借りていた培養プールで、世界初となるユーグレナの食用屋外大量培養に成功した。それまでも徹底管理された実験室レベルでの培養技術は存在していたが、屋外で人手をかけることなく（つまり、低コストで）食品用のための量産体制を築くことには、誰一人成功していなかった。

このときの私は東京大学農学部の修士課程に在籍しており、ユーグレナに出合ってからは5

年目。同じ農学部の先輩でメガバンクに就職していた出雲と、クロレラ業界では有名だった福本拓元《たくゆき》（現執行役員）と3人でユーグレナ社を立ち上げ、ユーグレナの大規模な実証実験を始めて4カ月目のことだった。

この成功により「未来の食べ物」とも言われるユーグレナの量産にメドが立ち、食品や化粧品といった市場の開拓、そして出雲の学生時代からの念願である途上国の食料問題や栄養問題の解決へのきっかけをつくることができた。

それから15年たった現在、ユーグレナ社は東証一部上場を果たし、売上高133億円（2020年9月期連結）、従業員数約360人（20年9月末時点）の組織へと成長を遂げた。ユーグレナの活用分野は食品や化粧品、飼料、肥料、そしてバイオ燃料へと拡大を続けている。米国や中国でも食品としての認可を受け、目下、販路拡大中である。「Sustainability First（サステナビリティ・ファースト）」という当社の哲学（ユーグレナ・フィロソフィー）の実現に向けて前進し続けている。

しかし、私自身がしていることは創業当時の15年前と変わらない。関わる研究テーマは当時と比べると増えたのは確かだが、子供たちの未来のために持続可能な社会を早急に実現すべく、最短距離を意識しながら今やるべきことを見極め、粛々と研究を進めているだけである。

そんな私も40歳を過ぎ、さまざまな経験をする中で、次世代の研究者や起業家と接する機会が増えた。高い志を持った若い研究者がアカデミズムの世界の慣習やビジネスの世界との違いに直面してもがく姿を多く見て、私は非常に歯がゆく感じてきた。

基礎研究を含めたサイエンス全般を追究することは、人類の進化のために必要だと思っている。しかし、どれだけ誉れ高い学術誌に論文が掲載され、大学や学会での地位が上がったところで、研究成果が社会に還元されない限り社会は1ミリも変わらない。どれだけ有益な技術であっても、世間から認知され、プレーヤーが増え、マーケットがつくられないことには、その研究は日の目を見ないで終わってしまう。

サイエンスの力で世の中の課題を解決し、より良い未来を築きたいと思うなら、「研究」に全力を上げるのは当然だが、やはり研究結果を「社会実装」するというもう1つの軸を科学者自ら意識し続けることが必要だと強く思う。これが私の基本スタンスである。

しかし、それを実現するための体験談や体系立ったノウハウはあまり見かけることがない。そこで、私自身もまだ挑戦を続けている過程ではあるが、アカデミズムとビジネスという両方の世界に軸足を置きながら進んできた自分の経験をここに紹介することにした。少しでも、若い研究者や起業家を目指す方々のヒントになればうれしい。

そして、本書の中では、私がユーグレナの社会実装を目指す中で大切にしてきた3つの考え方も紹介していく。問題解決方法を整理する「ロジックツリー」、市場での戦い方を判断する「ランチェスター戦略」、そしてパートナーとの連携を円滑にする「比較優位の原則」である。

この3つの考え方を総称して、私は個人的に「ユーグレナ・メソッド」と呼んでいる。この「ユーグレナ・メソッド」は、私が次世代の研究者や起業家に伝えていきたいことである。どんなに困難なテーマであっても、これらの3つのメソッドを意識しながら中長期的戦略を立てていけば、その実現は決して夢物語ではなくなる。

本書が、高い志を持った若い研究者や技術系ベンチャー起業家の背中を押す存在になれば幸いである。

2021年3月　鈴木健吾

ミドリムシ博士の超・起業思考

目次

第2章 食品市場で勝ち、燃料化の資金をつくる 051

第3章 ユーグレナ入りバイオ燃料プロジェクト始動 079

第5章 未来をつくる技術 147

第6章 次世代研究者・起業家への助言 169

序章

実用化始まる ユーグレナバイオ燃料

２０２０年1月30日、ユーグレナ社が横浜市鶴見区に建設したバイオジェット・ディーゼル燃料製造実証プラントで取り組んでいた燃料の製造技術が、米ＡＳＴＭインターナショナル（旧・米国材料試験協会）の規格を取得した。ＡＳＴＭの規格取得により、ユーグレナ社が製造するバイオジェット燃料が世界の民間航空機に搭載可能であると認められたことになる。そして、2月には日本の国土交通省が航空機に搭載するジェット燃料の通達を改正し、日本でもバイオジェット燃料が使えるようになった。

20年初頭以降、新型コロナウイルス感染症の影響が拡大する中でバイオ燃料製造実証プラントの稼働や生産の安定に時間を要して、バイオジェット燃料を使った有償フライトはまだ実現できていないが、21年中の達成を目指している。私たちが08年から始めた取り組みは一歩ずつ前進している。

燃料の原料の一部は植物と動物の両方の特性を併せ持つ、体長わずか0・05ミリの微細藻類、ミドリムシ。科学好きの人なら子供の頃に顕微鏡で見たことがあるかもしれない、池や水田などで採取できる単細胞生物である。ミドリムシのことを、学名ではユーグレナと呼ぶ。「美しい目」という意味のラテン語に由来する言葉だ。当社では、ミドリムシのことをユーグレナと統一的に呼び、社名にも掲げている。

西武バスが路線バスに使っている車両

そのユーグレナの油分をジェット燃料の原料に使うのは我々にとってチャレンジである。

飛行機以外では、路線バスなどでバイオ燃料の実用化が既に始まっている。

20年9月7日には、西武バス（埼玉県所沢市）が東京西部と埼玉県の一部を走る路線バスで、前出の実証プラントで製造したバイオディーゼル燃料の導入を始めた。「ミドリムシで走る」とボディに大きく書かれたバスが西東京市などを走っている。

続いて同月10日には、食品用ユーグレナの大量培養に成功した地である、沖縄・石垣島の八重山観光フェリー（沖縄県石垣市）と共同で、バイオ燃料を使った船の試験航行を実施した。同社は、石垣島と西表島、竹富島などを結ぶ定期航路を運営している。ユーグレナバイオディーゼル燃料を混合したディーゼル燃料による航行は世界で初めてだ。

従来の石油由来の燃料は資源に限りがある上に、燃焼すると地球温暖化の原因となる二酸化炭素を排出する。一方、ユーグレナは空気中の二酸化炭素を吸収し酸素を生成する光合成をして、生産設備容量の限界まで何度でも増殖する再生可能な資源だ。燃焼時に二酸化炭素を排出することは他の燃料と同じだが、原料となるユーグレナなどが成長過程で光合成により二酸化炭素を吸収しているため、実質的には二酸化炭素の排出と吸収が均衡するカーボンニュートラルに寄与する。環境収支的にはバランスを保てる潜在能力を持つ極めて環境フレンドリーな原料である。

ユーグレナは5億年以上前に原始の地球で誕生した。和名のミドリムシには「ムシ」という言葉が含まれるが、ワカメと同じように藻の一種だ。光合成を行うと同時に鞭毛《べんもう》を持ち、動物のように体を伸縮させながら移動することができる非常にユニークな生物だ。

ユーグレナは植物と動物の両方の特性を持つため、含まれる栄養素が59種類と抜群に多い。ビタミン、ミネラル、アミノ酸など野菜、魚、肉などに含まれる主要な栄養素をユーグレナ単体でバランスよく持っている。しかも、ユーグレナは一般的な植物と違って細胞壁がない。人

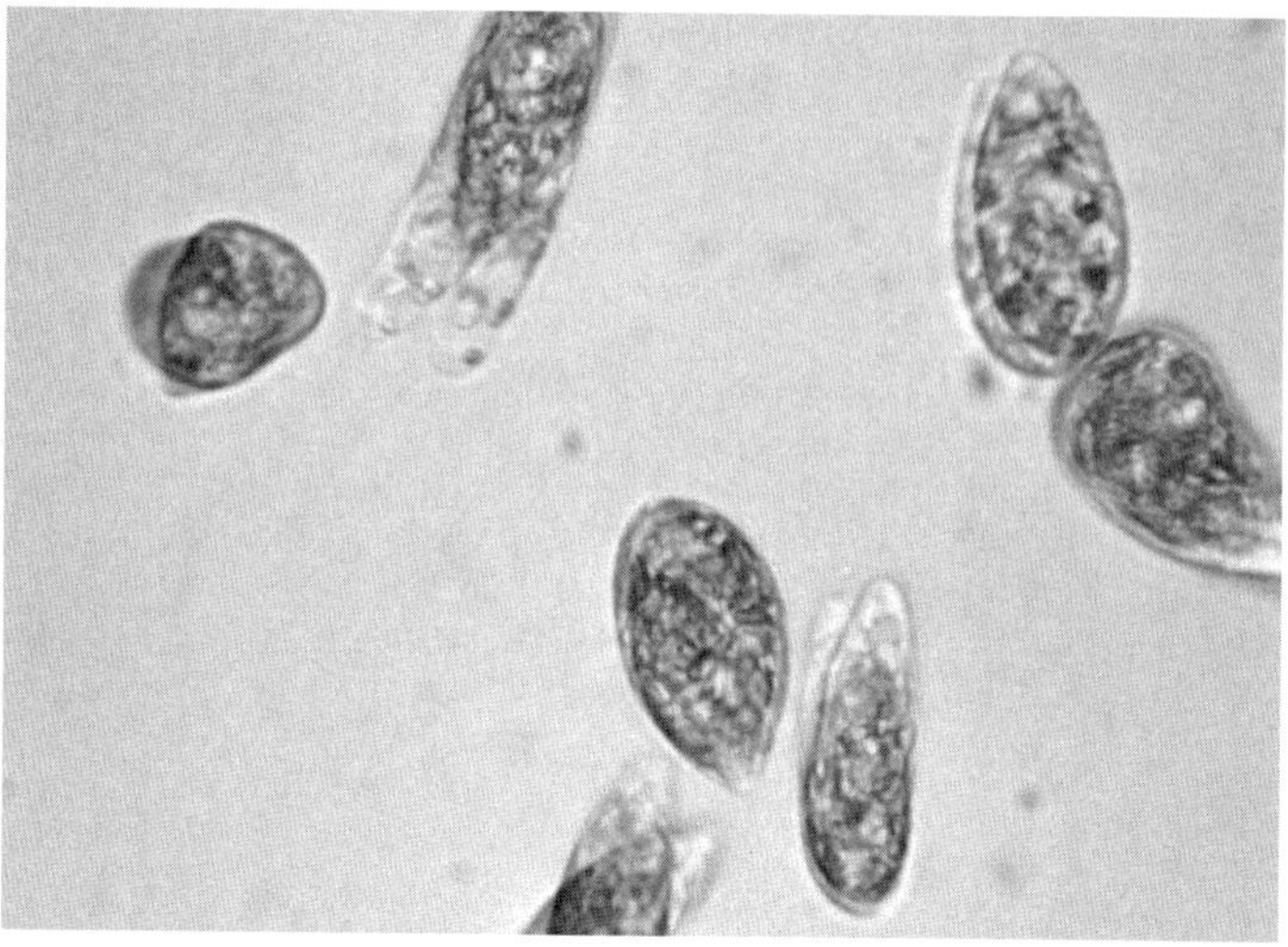

ユーグレナは植物と動物の両方の特性を持つ

間には植物の細胞壁を分解する能力がないため、野菜を加熱したり、咀嚼《そしゃく》したりしても栄養の吸収には取りこぼしが多いが、ユーグレナにはその心配がない。唾液や胃酸で速やかに分解できる。人間はユーグレナとともに、イモ類や米などのカロリー源を食べていれば生きていけるという説もあるほどだ。

　このように食品としても理想的なユーグレナは、食物繊維の一種であるパラミロンという独自成分を持つ。ユーグレナは酸欠状態にさらされると、細胞内のパラミロンを分解する。これにより、酸素に依存せずに生き延びるためのエネルギーをつくり出し、ワックスエステルと呼ぶ油脂を蓄積する。この油脂こそバイオ燃料の観点から注目すべきものだ。

ユーグレナ社ではその特徴をさらに引き出すために、食品用とは分けて、燃料用として油脂分を多くしたミドリムシを量産している。これを横浜市鶴見区にある当社のバイオ燃料製造実証プラントで原料の一部として燃料に加工する。現状では年産125キロリットルだが、25年には商用プラントを完成させ、年産25万キロリットルを目指している。

「バイオ燃料としてユーグレナが使えるかもしれませんよ」

当時の新日本石油の担当者からそう言われたのは08年のことだ。会社設立から3年が過ぎて、食用にするユーグレナの屋外大量培養技術は構築していたものの、まだ認知度が低くてなかなか大口の買い手が現れず、資金繰りに奔走していた時期のことだった。いつ倒産してもおかしくない状況だったため、「このタイミングで燃料に取り組む余力はあるのか？」といった議論は社内でも活発に行われた。

しかし、私たちは単なる健康食品会社をつくりたいと思ってユーグレナ社を起業したわけではない。食料問題と二酸化炭素の削減という、地球が抱える2大課題を解決したいという志の下で事業を始めた。

まずは参入障壁が比較的低く、微細藻類の市場が既に存在している食品市場から参入してい

バイオマスの5F

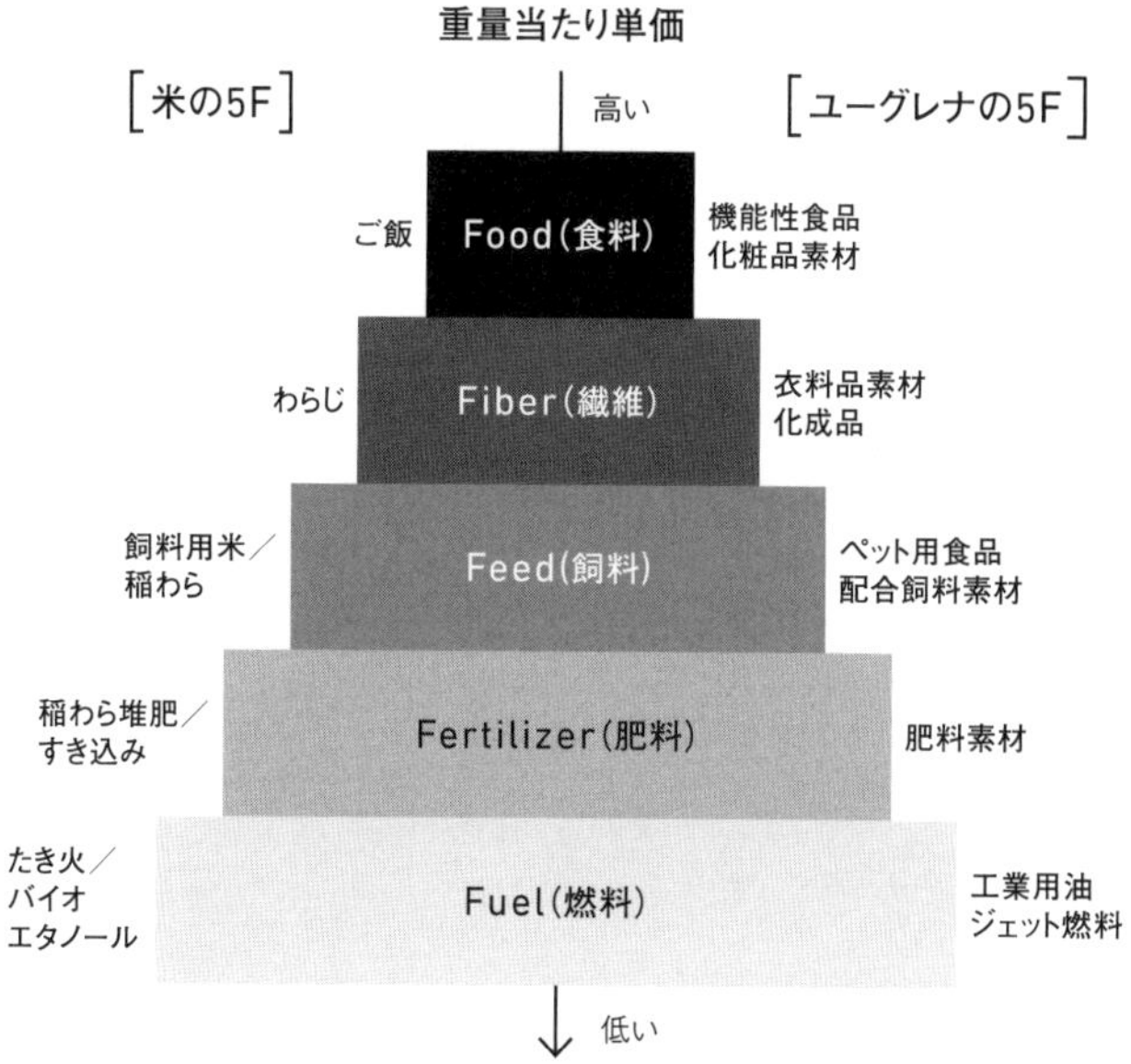

バイオマスの5F。このピラミッドの上にあるものほど重量当たりの単価が高いので製品として市場で実現しやすい。最下段の燃料向けは大量かつ安定的かつ安価な供給が必要で難しい

る。そしてユーグレナを徐々に一般的な商品として広め、そこで上がった利益を研究開発に回しながら生産技術を高め、繊維、飼料、肥料、燃料などへと活用シーンを広げていく。当社が創業時から取り入れている成長戦略であり、プロダクト・ポートフォリオである。

この戦略のベースとなっているのは、私が大学生のときに講義で聞いた「バイオマスの5F」と呼ばれる考え方である（19ページの図）。

5Fとは、ピラミッドの上から順に食料（Food）、繊維（Fiber）、飼料（Feed）、肥料（Fertilizer）、燃料（Fuel）と並ぶ。上にあるものほど重量当たりの単価が高いので製品として市場で実現しやすい。その点、バイオ燃料はピラミッドの裾野だ。大量かつ、安定的、かつ安価で市場に提供しなくては実用にならない。そこに至るまでには幾重にも存在する技術的ハードルを乗り越え、生産体制を拡充していく必要がある。長期戦になることは分かっていた。

「未来への投資をやめるくらいなら、会社を畳んだほうがいい」

そんな覚悟の下、ユーグレナ社のバイオジェット燃料プロジェクトは始まった。

そこから実際にジェット機用の燃料として認められるまでに12年かかった。1つの研究テーマで12年という歳月は、日進月歩のＩＴやロボティクスの世界などと比べると途方もない長さかもしれない。ましてや民間企業で12年がかりのプロジェクトなどめったにない。

石油由来の燃料に対抗できる価格競争力を持つための課題はまだ山積しているが、一区切りついた段階での感想を率直に表すなら、やはり、「まあ、長かった……」という一言に尽きる。技術的な課題や規制のハードルなど困難はたくさんあった。特に、技術的には実験室を飛び出して石垣島の培養プールで食用のための屋外大量培養を成功させたときと比べても、段違いに難しい課題だった。一番大きな違いは当然ながら生産の規模（スケール）だが、本当に困難を感じたのは生産コストを下げることだ。最終的に価格競争力を持つためには、1キロリットル当たり100円台まで安くして提供できなくては燃料としての商品価値がない。

食品としてのユーグレナについてもコストという評価軸はある。しかし、食品はプロモーションによって新しい市場が形成される。かつ商品に加工した状態で値決めされるものなので、原材料としては価格弾力性が高い。一方のユーグレナを使ったバイオ燃料は、商品の工夫で付加価値を増すわけにもいかない。燃料として勝負していくには05年当時のコストを10分の1以下に抑える必要があった。

加えて燃料という特性上、ライフサイクルアセスメント（環境影響評価）における無数の評価軸（二酸化炭素排出、エネルギー収支など）が存在し、その最適な落とし所も模索し続ける必要がある。それらの要件に対してどういうアプローチをし、どう最適化をしていくかについては、今でも検討を続けている最中だ。

当社の歩みは米グーグルのＡＩ（人工知能）、「アルファ碁」の歩みと似ていると感じることがある。ご存知の通り、16年にアルファ碁は囲碁の世界チャンピオン、イ・セドル氏との5番勝負で4勝1敗の成績を収めた。それまで囲碁のソフトは弱いというのが定説だったが、ついに人間を超えた。ではアルファ碁はたまたま勝ったのだろうか？　決してそんなことはない。アルファ碁が人間に勝ったのはイノベーションの必然である。

囲碁とは相手の打った石がすべて見える完全情報開示ゲームであり、ルールはシンプルで、隠し事ができない。トランプや麻雀のように運も介在しない。そんなゲームで人間に勝てたということは、今後もアルファ碁が勝ち続けるということである。そんなアルファ碁の強さの秘訣は、2種類のディープ・ニューラル・ネットワーク（ＤＮＮ）と、良い打ち手を素早く探す手法であるモンテカルロ木探索（ＭＣＴＳ）という技術を組み合わせることで生まれた。

どんなイノベーションもそうだが、イノベーションは既存技術の組み合わせから生まれる。ユーグレナのバイオ燃料化もそうだ。構想から12年かかったことは確かだが、それはユーグレナに関する多くの研究結果や数々の技術的イノベーションの上に成り立っている。例えば一時期、私は食品用ユーグレナの品質向上のためにその体内の油を減らす研究をしたことがある。

この経験があったので、逆に体内の油を増やすための仮説は比較的容易に立てられた。私にとってユーグレナのバイオ燃料化とは、これまでの研究開発の歩みを考えれば必然であった。「この技術を社会実装して世の中を変えたい」。そう願う研究者はたくさんいるが、勇気を持って勝負に出る人は少ない。私はその状況を変えたい。世の中で解決できないと思われている課題であっても、物理学や化学、生物学などの叡智を結集して解決策を検証していけば必ず乗り越えることができる。

そのとき重要なのが「勝利の要件」と「勝ち方」を定義しておくことである。最終的に到達したい状態を言語化し、そこに向けて中長期的に戦略を立てる。当社の場合、「勝利の要件」は「人と地球を健康にする」であり、「ユーグレナバイオジェット燃料でフライトを実現する」ことである。

「勝ち方」はバイオマスの5Fに従った成長である。

多くの人が非効率的、非合理的なアクションを取る世界の中では、チームとしての目的と手段を明文化しながら、徹底して合理的な判断をすれば、大抵の勝負は勝てると私は考えている。

次章以降、私たちがどのような勝負を挑み、どのような形で勝ってきたのか、時系列に沿って紹介していこうと思う。

第1章

ユーグレナ屋外大量培養を実現した思考法

「鈴木さん、ついにやりましたよ！　ミドリムシを収穫することができました！」

２００５年12月――。研究室で顕微鏡を覗いてユーグレナ（ミドリムシ）を観察していたとき、ポケットの携帯電話が鳴った。私が出ると、沖縄・石垣島にある八重山殖産の石垣勝己部長（現・取締役）が、電話の向こうで叫んでいた。八重山殖産からは、ユーグレナの大量培養を検証する培養プールを借りていた（現在はユーグレナ社の１００％子会社である）。

８月のユーグレナ社設立から４カ月目のことだった。私は報告を受けたとき、何かを成し遂げた達成感もあったが、それ以上に「これでようやく、学生の頃から考え続けてきた研究結果の社会実装に向けたスタートラインに立てた」という緊張感や責任感を持った。石垣部長との電話を終えると、私以上にユーグレナの大量培養成功を待ちわびていた出雲にすぐに連絡を入れて、その成果を喜び合った。

石垣島で試験を開始

私たちがユーグレナ社の設立をする前にも、ユーグレナの培養について実験室レベルでの成功例はあった。しかし、それは徹底的にクリーンな環境での実績でしかなく、そこで生産した

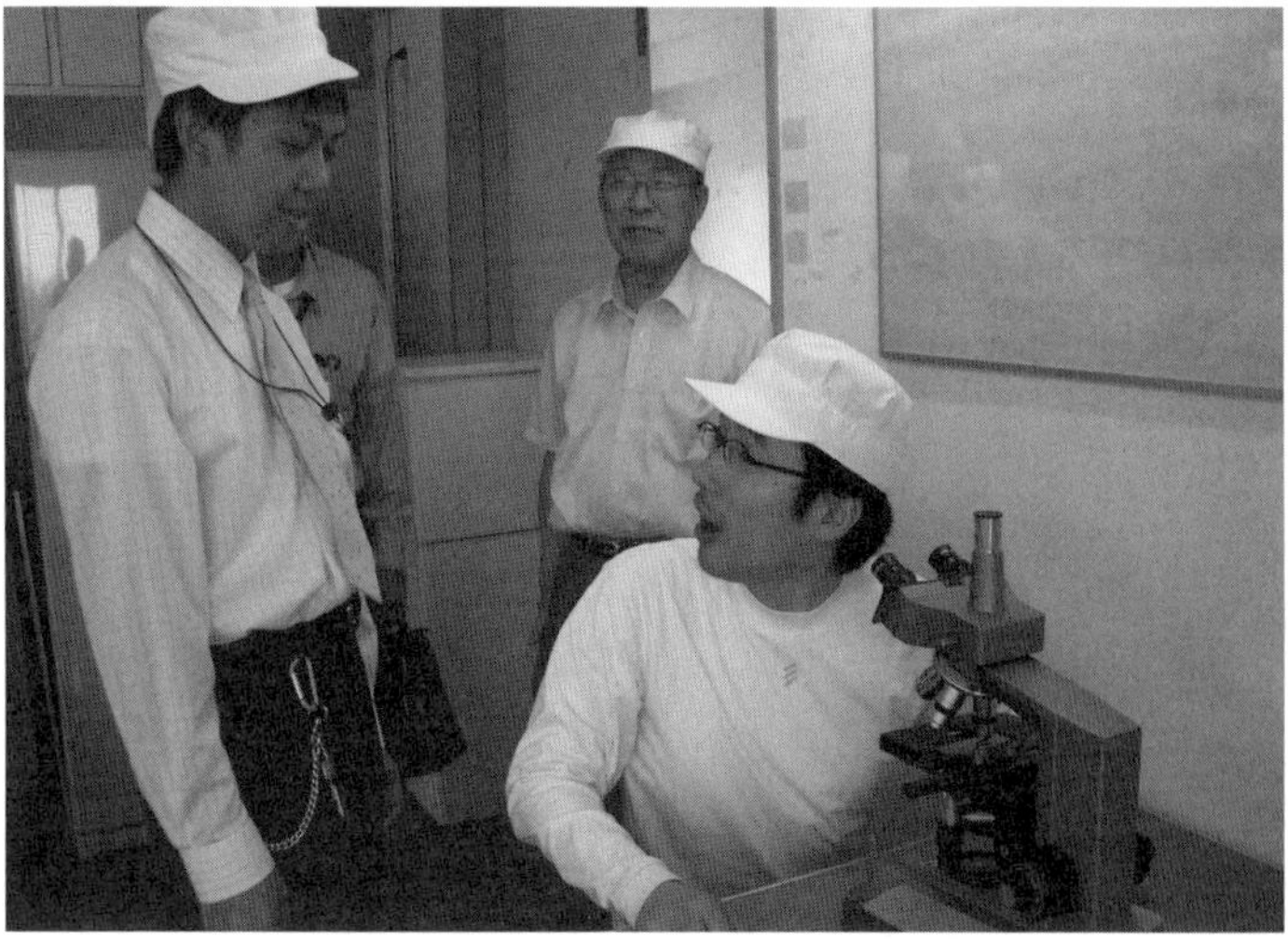

ユーグレナの大量培養に成功した2005年頃の著者（左端）と出雲社長（右端）

ユーグレナは1キログラム当たり数十万円する「高級品」だった。

この価格では食用にさえ使えず、飼料や肥料、燃料にしていく「ユーグレナの社会実装」という私たちの目標からは相当な隔たりがあった。そこで、私たちはまずユーグレナを食品にできる価格に下げることを目指した。管理の手間を減らし、屋外にある大きな施設で安定的にユーグレナを大量培養できる環境を構築すること。これこそが低コスト化の鍵となる。

では、私たちはどのようにして、食用を目指すユーグレナの大量培養に成功したのか。

まず、培養の実験をする場所として、最終的な候補になったのは、沖縄・石垣島だった。

石垣島にある会社、八重山殖産がユーグレナと同じ藻類で、一足先に健康食品として市場に浸透していたクロレラの培養に豊富な実績を持っていると分かったからだ。

さっそく、同社の志喜屋安正社長（現会長）を東京に招いて、出雲と福本と私の3人でユーグレナの持つポテンシャルについてひたすら語り続けた。その甲斐あって志喜屋社長から培養試験に無事賛同を得ることができた。しかもありがたいことに、学生と大して変わらない私たちの立場を理解し、「施設利用料に関しては、生産したユーグレナを一定額で買い取ってもらえばいい」とまで言っていただけた。事実上の無償提供である。さらには「鈴木さんが東京から石垣島に通うのも大変だろうから、うちの社員や設備を遠隔で使ってくれてかまわない」と温かい言葉までかけていただいた。こうした全面協力の下、いよいよ実験に着手した。

さまざまな準備で東京での仕事が多かったことと、まだ小さかったユーグレナ社が使える資金はわずかだったことから、当時の私は石垣島に常駐したくてもできなかった。八重山殖産の培養プールのすぐ横にあった宿直所を改造した研究場所は設けていたが、東京でできる小規模な実験はできるだけ東京で済ませ、その成果を手に石垣島に通い、大きな設備でしかできない実験を進めていった。

ユーグレナが育ちやすい環境要件は、先輩研究者のさまざまな知見を踏まえた予備実験を何度も行ってある程度分かっていた。その点での障害はないはずだった。しかし、ユーグレナが途中までは順調に増えるのだが、ある時点で増加が止まってしまうことが延々と続いた。

ユーグレナの増加が途中で失速する大きな要因は2つしかない。施設内でユーグレナの増加に必要な栄養が足りなくなるか、成長に必要な二酸化炭素や酸素などの交換がうまくいかなくなるかのいずれかだ。石垣島ではまずこの2つの課題をどう解決するかに焦点を絞って検証を重ねていった。

このとき大変お世話になったのが、大量培養が成功したときにすぐ知らせてくれた八重山殖産の石垣部長だった。石垣部長は研究者出身で、新しいテーマへの挑戦意欲が高い方だった。八重山殖産でクロレラの大量培養を中心になって推進するなど、植物プランクトンの大量培養に関する知見は日本屈指といえると思う。

限られたタイミングでしか石垣島に行くことができなかった私の目となり、手となり、さらによき相談相手となってくれたのが石垣部長だった。東京にいるときも毎日連絡を取り合っていた。実験結果を見ながら新たな仮説を立てるとき、石垣部長とのディスカッションは非常に有益なものだった。お互い議論に熱中して、気づいたら深夜まで電話をしていたこともある。

石垣島でしか実験できないこと

石垣島では、東京では検証しきれない大量培養を妨げる因子を見極めるべく実験をしていった。どんな検証を進めていったのか、その一部を簡単に解説する。

気温・水温

1つは温度の影響だ。空調の入っている研究室や私のアパートで行っていた東京での実験と、南国の石垣島で、しかも屋外で行う実験では、温度とその変化の仕方が明らかに異なる。それがユーグレナの生育にどう影響するかというデータがなかったため、早い段階で検証に入った。

シェアストレス（せん断応力）

医学や生物学の研究ではシェアストレスがしばしば課題となる。シェアストレスは、日本語で「せん断応力（またはずり応力）」という。ある管の中をものが流れるとき、管の壁面に沿って発生する力のことで、例えば血管の中を血液が流れるとき、壁面に沿った方向に力がかかる。これがシェアストレスである。

ユーグレナを育てる培養プールは、実験室のフラスコのように振って混ぜることができないので大きな羽根のついた攪拌《かくはん》器を備えている。この羽根とユーグレナの間にシェアストレスがかかる。大きなスケールで実験した例がそれまでなく、ユーグレナの細胞にかかるシェアストレスに関する情報がまったくなかったため、私にとっては大きな関心事だった。

実験を開始してみると、小さいプールと大きいプールではユーグレナの生育スピードが異なることが分かった。調べると、プールの中心に近いところと外周に近いところで攪拌器に衝突する速度が変わるからだと分かった。大きなプールでは流れが速すぎるとユーグレナがダメージを受け、遅すぎても攪拌が起きずユーグレナが沈殿してしまう。

攪拌する速度、羽根の形状と角度が生産性を大きく左右する要因となるであろうことは早い段階から推測していたので、この実験結果を踏まえて細かいチューニングを繰り返していった。

生物の混入

屋外のプールでユーグレナの培養を始めるに当たり、最も懸念していたのが石垣島の生態系である。ユーグレナは栄養素が豊富なので、当然、他の生き物にとってもごちそうになる。動物プランクトンなどの外敵が1匹でも混入してしまうとプール内のユーグレナが全滅するリスクすらある。その混入のリスクはプールの面積に比例して増える。ユーグレナを屋外で培養するための大きな壁だった。

実験を始めてみると予想通り、ユーグレナが外敵に食べられてしまうケースが続いた。その都度、培養液の一部を東京に送ってもらったり、私が石垣島に出向いて顕微鏡で見て分析したりして対策を考えた。最終的に実施した対策は2つある。

1つは培養液の二酸化炭素と酸素の割合を調整すること。培養装置のなかに電極を入れ、二酸化炭素と酸素の溶けている量を昼夜モニタリングし、ユーグレナなら生きられても、ユーグレナを捕食するもっと大きな生物は生きづらい環境をつくり出した。

もう1つの対策は、先ほど述べた撹拌器のチューニングだ。というのも、ユーグレナを捕食する生き物は体が大きい分だけかかるシェアストレスが大きくなる。ユーグレナの細胞を壊さない絶妙な撹拌の強さにすることで、捕食者の多くを「退治」できることが分かったのだ（ちなみに、クロレラはユーグレナよりはるかにシェアストレスに強いので、それをあまり気にせず撹拌器を回すことができる）。

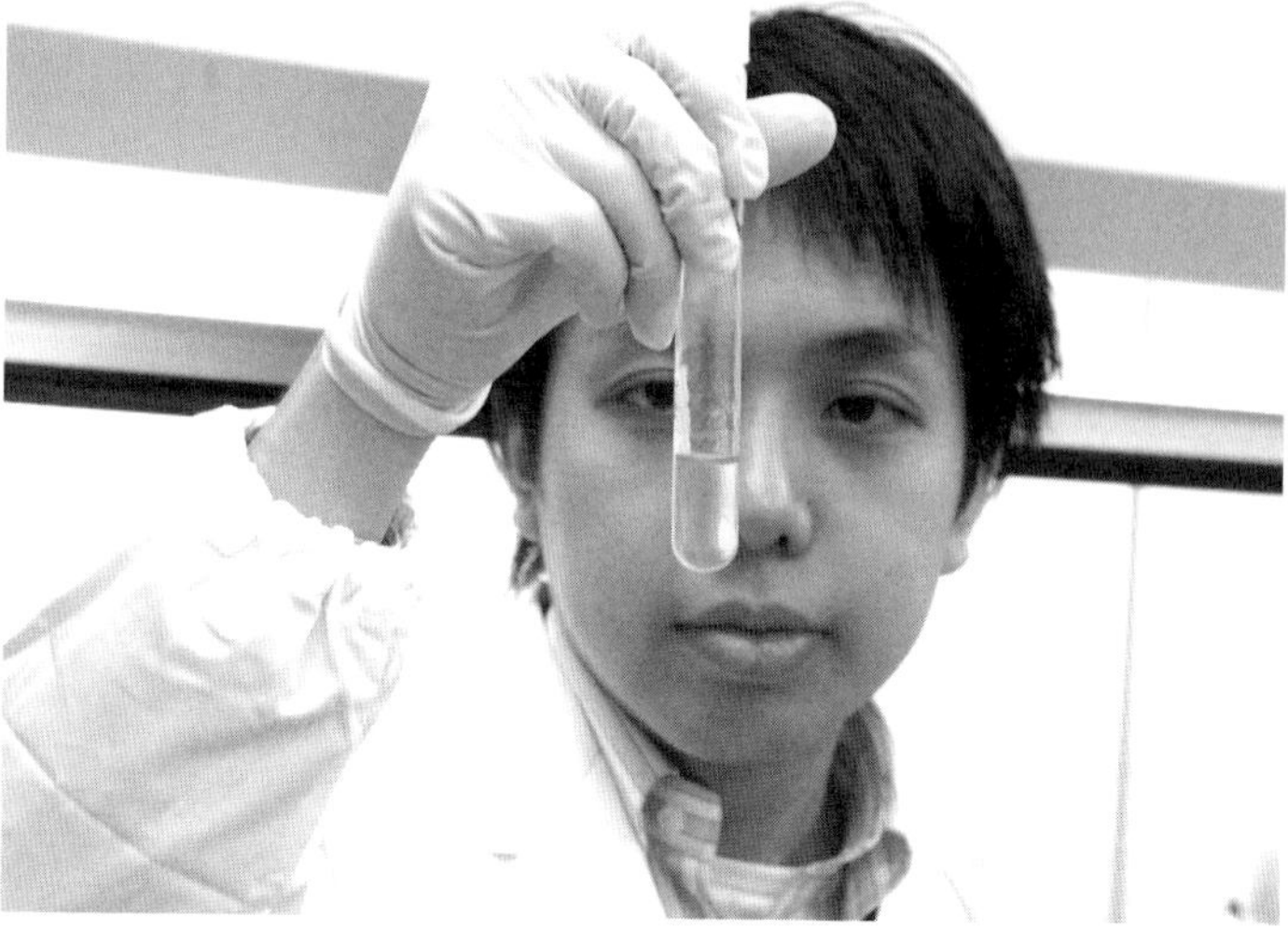

2007年頃、東京の研究室で試験管を見つめる著者

小さな実験と大きな実験

ここで当時の私が採った研究開発のアプローチの仕方について紹介したい。

ユーグレナの大量培養に短期間で成功した秘訣の1つは、小さな実験を繰り返してPDCAを高速に回したことだ。

具体的には、最終回答を目指して急いで大規模な培養を進めるのではなく、仮説を立てた上で小さな実験を大量かつ高速に行うことで学びを蓄積し、検証の精度を十分高めていった。これにより、大きな失敗による後戻りをせずに大量培養実現にたどり着くことができた。

研究の中では、過去のデータから帰納的に「おそらくこういう仕組みであるはずだ」と推論し、大規模な実験にいきなり踏み出してしまうことがあるが、それでは失敗したときのコストが高くなる。

それに1回の実験規模が大きくなるほどいろいろな失敗要因が考えられるので、原因が絞り込みづらくなる。それでは仮説検証の精度が上がらないので、何を検証するための実験だったのか分からなくなってしまう。それに、お金をかけた分だけ1つの仮説を捨てることが心理的に難しくなる恐れもある。

私が意識したのは帰納的な推論とは逆の演繹的なアプローチ、すなわち、正しいことが分かっているロジックの積み上げで結論を導くという考え方だ。ロジックを積み上げるためには、前提として幅広い科学的知識の学習や実験の積み重ねが必要となる。ただし、根っからのサイエンス好きである私にとっては苦ではなかった。ユーグレナという小さな生き物がテーマであっても、物理学や数学などあらゆる学問の知識を総合しながら課題に取り組んだ。

学問の領域が増えると扱うべき変数が増える。変数が増えるとどれが重要因子なのか突き止めるための検証も増える。一見すると手間がかかりそうに見えるが、一つ一つの仮説検証を小さなスケールで並行して走らせ、それを積み上げていく方法は決して遠回りにはならない。むしろ、私はこのアプローチこそ最短で正解を導き出す手段だと信じている。

先に小さな実験を数多くこなすことの最大のメリットは、大きな失敗をしづらいことだ。実際、私がユーグレナの大量培養を成功させるまで、100万円を超える大きな単位の失敗を繰り返すことは一度もなかった。失敗はしても1回まで。そのときも、失敗した原因が特定できるように複数の計測項目を用意する工夫をした。実験に失敗しても、プロジェクトとしては何らかの前進が必ずできるように実験の方法には徹底的にこだわった。

ここは大事なポイントなので強調しておく。

- 失敗したときに原因が特定できなかった実験
- 「100回やって数回成功した」という段階の実験

これらは、大規模な実験に決して拡大してはいけない。

その代わり、私は小さな実験を繰り返し、ここでは数えきれないほどの失敗をしている。当時私が好んで使っていたのが、6個×4列の合計24個の穴を並べたプラスチック製のマイクロプレートだ。この穴の一つ一つが試験管やシャーレに相当する。

24個の穴があるということは、「同時に24種の異なる条件を設定して実験できる」ということだ。培養液が酸性となる環境は共通でも、抗生物質を入れてみたら培養にどんな影響が出るか、抗生物質の種類を変えたらどうなるかなど細かく条件を変えてひたすら調べていった（実際の大量培養では抗生物質を使用していない）。マイクロプレートでの実験は1週間単位で行っていたので、1カ月当たりでは少なくとも100通り近い検証をしていくことができた。

失敗しても大きな費用増にならない小さな実験の繰り返しで最適な条件が見えたものから、少しずつ実験規模を大きくしていった。とはいってもマイクロプレートが試験管になり、ビーカーになり、（厳密な実験には適していないが）ペットボトルになり、最大でもポリバケツになるといったレベルだ。一時期、東京の自宅がユーグレナの容器だらけになって、ユーグレナの部屋に私が居候しているような気分になったこともある。

このスタンスは石垣島でも変わらなかった。幸いにも八重山殖産には大きな培養プール以外に半径数mほどの小さな培養プールが複数あり、まずその小さなプールで東京の実験室では検証できなかったことを確認し、大きな培養プールの実験へと進んだ。

小さなスケールで検証できそうなことは片っ端からやる。そして高速で学習し、「今の実験環境ではこれ以上、研究が進まない」と確信するところまでいってから大きな実験を行う。これが一番確実に研究を前進させられるアプローチである。

この過程で役立ったのが、物事を体系的に分類・整理して考えるロジカルシンキングの手法「ロジックツリー」を作成することだった。

① ロジックツリー

仮説を検証していく上で難しいのが、検証すべき条件が増えて手順が複雑化しやすいことである。多くの要素を整理するとき、私が思考の補助ツールとしていつも使っているのが、ロジカルシンキングで使われる「ロジックツリー」だ。物事の因果関係を樹形図として整理したものだ。ビジネスパーソン向けの実用書などでは経営判断の道具としてよく取り上げられるが、実はサイエンスの世界でも実験すべき内容を絞り込む強力なツールとなる。

私自身は学生時代に『考える技術・書く技術―問題解決力を伸ばすピラミッド原則』（バーバラ・ミント著、ダイヤモンド社）という本でロジックツリーを知って以来、あらゆる問題解決の方法としてずっと使っている。この本は、私の人生に大きなインパクトを与えたのである。

ロジックツリーを用いた問題解決の大まかな手順はこうだ。

1. 解決したいこと（達成したいこと）の因子として考えられるものをすべて列挙し、階層構造で整理する。

2. 個々の因子が本当に失敗の原因なのかを検証できる実験方法を考える。しかも、個々の実験はできるだけ小規模なものにとどめる。

3. 影響力の大きい因子を見つけ出したら対策を考え、実行し、効果を検証する。

扱う因子がどれだけ多くても、ロジックツリー上であらかじめ検証すべきことを整理しておけば、今の自分が何を優先して検証すべきなのか、そして今の自分はプロジェクト全体のどこに時間を割いているかが一目瞭然となる。私にとってロジックツリーは真理の探究で道に迷わないための「地図」である。

当時の私が実際に使っていたロジックツリーで説明してみよう（41ページ参照）。

まず、一番上に「ユーグレナが育たない!」と書いてある。これはそのまま「ユーグレナが育たない要因として考えられることは何か?」という問いに置き換えて読んでほしい。私がいつも使うのは、ロジックツリーのうちで「Whyツリー(原因追求ツリー)」に当たる。解決したい状態(課題)を一番上に置き、その課題が生じている原因を下に向かって書き出していく(横書きの場合は左から右に書き出す)。

では、ユーグレナが育たない要因としてどんなことが考えられるのか。当時の私の思考プロセスをなぞりながら見ていこう。

考え得る要素をすべて書き出す

私が最初に枝分かれさせて考えた条件は「(ユーグレナがほかの生物に)捕食されているケース」と「捕食されていない(のに何らかの理由で育たない)ケース」だ。大事な点は、ロジックツリーの上位の階層では考えうる要素を可能な限り漏れなく、ダブりなく書き出すことだ。この階層で枝の抜け漏れがあると大事な因子をごっそり

ユーグレナ培養のロジックツリー

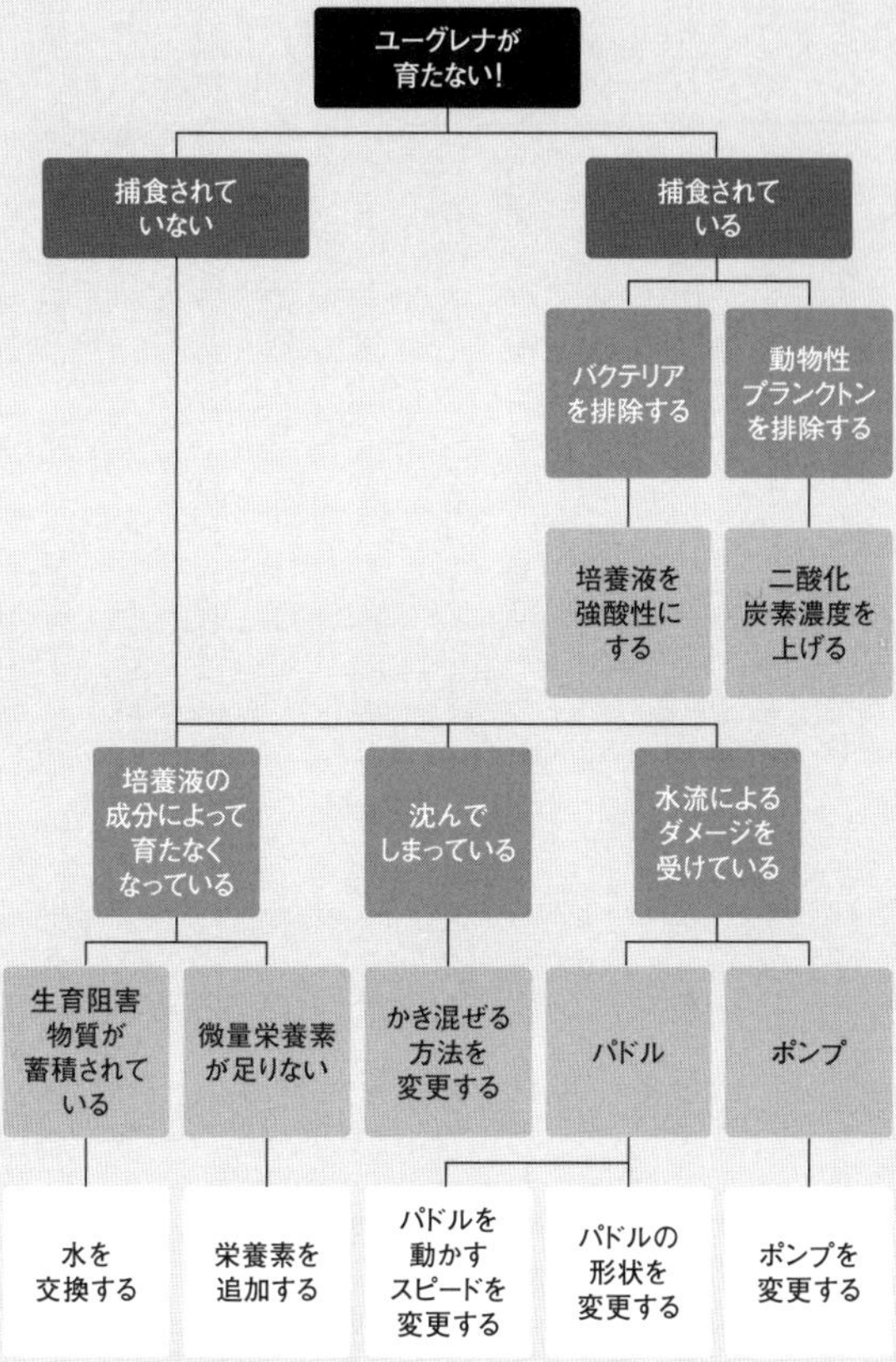

ユーグレナの大量培養に取り組んでいた当時は、上のようなロジックツリーを使ってうまくいかない原因を潰していった

見落とすことになりかねない。どこまで漏れなく因子を洗い出せるかは、サイエンス全般の幅広い知識があるか、そして観察力があるかにかかってくる。

1つ目の「捕食されているケース」をさらに細かく分岐させて考えてみよう。私はここで「動物性プランクトンに食べられている」ケースと、「バクテリア（細菌）に食べられている」ケースの2つに分けた。

動物性プランクトンを排除する一つの方法として考えられるのは、培養液の二酸化炭素濃度を上げて動物性プランクトンが生きづらくすることだ。なぜなら、ユーグレナは二酸化炭素の濃度がかなり高い環境でも生きられる性質を持つからだ。

一方、バクテリアは水を強酸性にすれば一定の排除ができる。こうした培養条件は、ユーグレナ研究の先達である大阪府立大学の中野長久《よしひさ》先生の論文や全国の研究者からのヒアリングなどでもしばしば指摘されていたことである。

このように因子を細かく枝分かれさせ、それぞれの因子を排除するための具体的な対策（＝これが実験テーマになる）が浮かんでくる段階になったら、その枝を分岐させる作業はいったんそこで止めておく。

次に「捕食されていないケース」のツリーを見ていこう。ほかの生き物に食べられていないのにユーグレナが増えない原因として私が立てた仮説は、「(培養プールの)水流によってユーグレナがダメージを受けている」「ユーグレナが(培養槽の底に)沈んでしまっている」「培養液の成分が変化して育たなくなっている」の3つだ。これ以外に、前述したように東京と石垣島での気温・水温の違いも原因として一時検討したが、この点は顕著な違いが見られなかったため因子としてはすぐに外した。

「水流によりダメージを受けること」については、その原因として「ポンプ」「攪拌器のパドル」の2つを想定し、さらに後者の「パドル」は「パドル形状」とそれを使った「攪拌スピード」という2項目を検討対象とした。それぞれの枝で考えるべき対策は「ポンプを変更する」「パドル形状を変更する」「攪拌スピードを変える」ということになる。こうした検討内容は、それまで実験室レベルの検証だけを続けてきた私にとって未知の課題ばかりだったので、八重山殖産の石垣部長からアドバイスを受けながら実験を続けていった。

ユーグレナが「沈んでしまっている」ケースは攪拌の仕方が原因なので、対策は

「攪拌方法を変更する」ことになる。

「培養液の成分が変化している」については「栄養素が足りない」か「生育を阻害する物質が（プールの壁などに）蓄積されている」ことが原因だろうと考えた。前者は「栄養素を追加する」、後者は「水を適時交換する」ことで対策を打てる。

ここまで見てきたロジックツリーは、当時の私が立てた仮説の全体像を大まかに示すものだ。実際には、もっと緻密な検証が必要と判断した因子については、さらに細かく場合分けをして一つ一つ検証していった。例えば二酸化炭素の濃度を増やすといっても、どの程度の値にすれば適切なのかは実験をしないと分からない。プールに混入している「生育阻害物質」についても、有機系なのか無機系なのか、無機系でも揮発性なのかそうではないのかといったことまで条件分けしていった。揮発性の物質ならプールに混入しても時間がたてば薄まっていくが、揮発性でなければプールの水を頻繁に交換する必要があるなど培養の手間が変わってくるからだ。

ロジックツリーは「課題がある可能性の高そうなところ」を洗い出すためのツールであり、「実際の課題」がすぐに見つかるわけではない。ロジックツリーをいったん完成させたら、次にやることは「このツリーの枝の中に本当に原因があるのか？」を、できるだけ幹に近い太い枝のところから実験を通して確認していくことだ。そしてユーグレナの増減に影響を与える因子ではないと判断したら、その枝は考慮する要素から落とせばいい。

研究開発のスピード感を増すのはこの「せん定作業」の手腕だと思っている。例えば、普通の人が庭の植木に手を入れるときは葉を落とす段階から細かく延々とハサミを動かしがちだが、職人は全体を見渡して、いきなり幹に近い太い枝からバッサリ切り落として庭木の形を素早く整えていく。それと同じだと思う。

ロジックツリーでは末端の枝の検証に没頭せず、上位の枝でバッサリ落とせるものがないかを優先的に考える。例えば「ほかの生き物に捕食されている」という可能性があるかどうかは、近くの池から水を少し拝借して実験室の培養液に入れてみればすぐに確認できる。細かい実験は条件を特定していくときにすればいい。

このようにロジックツリーをベースに実験を進める優先順位を考えていけば、扱う変数を一気に減らすことができ、精査が必要な重要条件の検討にお金と時間を集中することができる。同時に、明らかに培養のボトルネックになりそうな枝は早いうちから着手して、検証のための時間をしっかり確保することがコツである。

私の研究スタイルははっきり言って地味な上に複雑だ。しかもいろいろな実験を並行して進めているので、はたからみると進捗がほとんどないと勘違いされることもある。しかし、地味な検証の一つ一つは、ロジックツリーのなかに必ず潜んでいる答えをあぶり出すための絞り込み作業であり、実は最短ルートで進んでいる。

地球上に存在しない条件をゼロから探し出すという話であれば「ロジックツリーを使えば大丈夫」という単純な話ではなくなる。しかし、ユーグレナの大量培養については必ず解があり確実に近づけていると、実験を続ける間もずっと信じ続けていた。なぜなら自然環境の中でも、ユーグレナが他の生物に優越して増える場所が存在することを知っていたからだ。自然界で1回は実現していることを科学で再現できないわけがないと考えていた。

大学の研究でロジックツリーが使われない理由

ここまで説明したように、問題解決を素早く達成する手法としてロジックツリーほど効率的なものはないと信じている。しかし、大学の研究室ではこの手法は一般的ではない。ユーグレナ社に入る研究者も、私と出会って初めてロジックツリーを使い出す人が多いと感じる。

ロジックツリーによる課題解決の手法が一般的になっていない理由の1つは、自然科学の研究の世界では「再現性」が優先されるからである。研究論文は、他の研究者が読んでその内容を同じ環境で再現できないと評価の対象にならないという不文律がある。このため、私のように「低コストでユーグレナの大量培養技術を開発する」といった大きな課題設定をしてしまうと、考える変数があまりに増えて再現が難しくなる。追実験によるフィードバックも複雑になるため、研究の世界では好まれない。

再現性を高めるためには変数を減らす必要があり、条件を限定した小さな実験にせざるを得ない。結果的に、複数の階層から成るロジックツリーが必要な場面はないというわけだ。

それにより何が起きるかというと、ロジックツリーでいう枝の末端に当たるところをいつまでも深掘りするだけに終わる研究ばかりになる。先ほど見た私のロジックツリーで言えば、「二酸化炭素の濃度とユーグレナの生育の関係を詳しく調べる」という行為だけにフォーカスしているような状態である。

そして実験をして従来の研究との有意な違いが確認でき、論理的な説明がついたら生化学的な検証はいったん終わりで、次のテーマ探しの旅に出るということを繰り返す。そこでロジックツリーを意識して「他の枝」に着目したり、枝を遡ったりするのであればまだ救いはあるが、実際にはまったく異なるテーマに切り替えて研究を続ける人が少なくない。これでは末端の枝に執着するばかりで、いつまでたっても、研究結果の社会実装にこぎ着けることは難しいのではないだろうか。

また、大学の研究のもう1つの特徴は「実験結果から新しく分かったことを明確に打ち出し、論理的に説明しきること」である。逆に言えば、因果関係の説明が雑だと論文として受け付けてもらえない。科学が森羅万象のメカニズムを解明する学問であることを考えると仕方がないところもある。しかし、私のように科学の力で新しい技術をつくることをゴールに設定している応用系の研究者からすると、因果関係を明らかにすることは手段の1つにすぎない。ロジックツリーのすべての枝について論理的に美しい説明ができなくても、ユーグレナが大量に培養できてしまえば結果オーライなのだ。

このことは私が学部の卒業論文を書いているときに痛感した。研究というものを仮説の洗い出し（ロジックツリーの作成とせん定作業）のための「予備実験」と、仮説検証のための「本実験」の2つのフェーズに分けて考えると、私の研究スタイルは予備実験の比重がかなり高い。「予備実験」の目的は仮説を絞り込むことなので、「これは重要因子ではなさそうだ」と分かった時点でそれ以上、深入りする必要はないのだ。

しかし、卒業論文に関してはそういうわけにもいかない。私は農薬によって光合成が妨げられたユーグレナにレーザー光を当て、反射光の波長がどう変わるかを調べる研究を選んだのだが、実験を始めてすぐに「これ以上続けても大量培養技術には直接寄与しない研究である」と分かってしまった。ただ、今後、研究を続けていく上では、アカデミズムの世界での信用を高めておくことも重要になると分かっていたので淡々と論文を書いていた。

ロジックツリーを使って効率的に仮説を絞り込んでいくことができたおかげで、石垣島で実験を始めてからわずか数カ月でユーグレナの大量培養を実現することができた。

ユーグレナで起業を考え始めた当初は、耳かき1杯分のユーグレナを取ることに苦労していた。それが、この大量培養の成功により数十キログラム単位でユーグレナの粉末を生産できるようになった。現在、石垣島で生産可能なユーグレナの量は年間160トンである。

量産に成功した直後の社内は、いよいよビジネスに乗り出せるという希望と熱気で満ちあふれていた。周囲の熱意を感じて「ベンチャー企業もいいものだなぁ」と思っていた。

ちなみに培養槽で増えたユーグレナの収穫には、回収と乾燥という大きく2つの工程がある。まず、回収するにはユーグレナを含む培養液を遠心分離器に投入する。遠心力でいったん濃縮してから、そこにきれいな水を足して再び遠心分離にかける。すると、ユーグレナを高密度で含んだ濃縮液ができる。

最後の工程ではその濃縮液を一気に乾燥させる。スプレードライヤーという2階建ての住宅くらいの高さがある装置に投入する。スプレーという通り、液体を霧状に吹き出し、その霧に温風を当てることで瞬時に乾燥させて粉末にする。その粉末をサイクロンで吸い取って集める仕組みだ。サイクロンは、気体中に存在する粉末状の固体を吸い取って分離する装置のこと。

この2つの工程は、培養したクロレラを回収するために実用化されている手法をベースとして、ユーグレナ用に改良したものだ。

第2章

食品市場で勝ち、燃料化の資金をつくる

ライブドア・ショック

2005年にユーグレナ社を設立する準備中、ライブドアの堀江貴文社長（当時）にユーグレナの可能性について説明させていただいたことをよく覚えている。多くの人が二酸化炭素の削減による環境負荷の低減に期待を寄せる中、堀江氏はユーグレナが多くの栄養素をバランスよく含む完全栄養食となり得る、宇宙食に活用できる可能性に強く関心を持ってくれた。

ユーグレナ培養の論文コピーを持参したところ、「見せて、見せて」と紙束を手に取り、熱心に1枚ずつめくりながら「どのあたりが難しいの？」「今どんなことで困っているの？」と矢継ぎ早に質問をしてきた。

結局、ライブドアからは出資をしてもらえただけでなく、法人登記場所および出雲と福本の作業場として六本木ヒルズ38階にあった同社のオープンスペースを貸してもらえることになった。

そんなライブドアに東京地検特捜部が家宅捜索に入ったのは、06年1月16日のことだった。石垣島で食用のための大量培養に成功したわずか1カ月後である。ユーグレナを使った商品をどう開発するか、販路はどうするかといったことをユーグレナ社のメンバーで活発に議論している最中のことだった。世間ではこの家宅捜索を引き金として翌17日以降に起きた株価暴落を「ライブドア・ショック」というが、ライブドアから出資を受けていた私たちユーグレナ社にとっても「衝撃」そのものだった。

当時、私は大学の研究室にこもって、修士論文を突貫工事でまとめていた。それまでユーグレナ社の仕事を優先して後回しにしていたからだ。ユーグレナをテーマにして論文をまとめる時間はなかったため、衛星画像を基に釧路湿原の水分状態や光合成の活性などを調べ、森林火災のリスクを予測するというテーマを選んだ。データを取り寄せて分析するという形で、研究室の中で新たな実験をすることなくまとめられるテーマだったからである。

家宅捜索のことはインターネットのニュースで知った。普段はどんな状態に置かれても冷静に考える私でも、このときばかりは「とんでもないことになったぞ」という反射的なリアクションしかできなかった。それまで何の予兆もなかったからだ。

私より驚いたのは六本木ヒルズに常駐していた出雲たちだろう。家宅捜索が入った瞬間は不在だったそうだが、オープンスペースに置いていた出雲のパソコンが特捜部に一時期押収され、出雲が「プレゼンの準備があるのに仕事ができない！」と困り果てる一幕もあった。

ベンチャー企業にとって出資者が突然いなくなることは、真っ暗な海底洞窟を探索中に地上から送られてくる酸素チューブの一部が破断するようなものである。自分たちで酸素をつくり出せるようになる前に酸素の供給が止まると、企業は死ぬ。大量培養のさらなる低コスト化とユーグレナを使った自社商品開発や営業活動は全力で進めつつも、ファイナンスの考え方を1回仕切り直す必要があった。

救世主現る

そんな窮地にあったユーグレナ社に救いの手を差し伸べてくれたのが、元マイクロソフト日本法人社長で投資コンサルティング会社のインスパイアを立ち上げていた成毛眞氏である。ライブドア事件が起こる少し前に知人の紹介でお会いしたことがあり、わらをもつかむ思いで相談にいったのだ。

ユーグレナの利活用に関する指導でお世話になっていた大阪府立大学の中野先生もそうだが、成毛氏は相手の肩書きや年代にとらわれず、その人が持つ他に代えがたい価値をしっかり評価してくださる方だった。ＩＴ業界出身だが、サイエンスの世界へのリスペクトを強く感じた。

同時に、さすが経営者だなと思った。ユーグレナという世間になじみの薄いテーマであっても「低コスト化に向けた課題」や「ユーグレナをどう社会に認知させていくか」といった本質を射抜く質問がどんどん飛んでくる。これは堀江氏のときにも感じたことだが、新しい技術やサービスを社会に普及させていくプロセスを実際に経験された人は、着目点が普通の人と違う。成毛氏と話せたことは、私が学部生時代から考えてきたユーグレナを社会実装するためのシナリオは決して間違っていなかったという安心にもつながった。

そんな成毛氏に、私たちはユーグレナ社の現況と展望をすべて伝えた。当時の私たちが考えていた成功のための要件も洗いざらい説明した。幸い、ユーグレナの大量培養は成功していたため投資判断の好材料として捉えていただき、その後、資金面だけではなく、何年もの間にわたってオブザーバーという形で若い経営陣の面倒を見ていただくこととなった。ちなみに当社の副社長である永田暁彦はこのときインスパイアから出向する形で経営陣に加わり、今も出雲とバッテリーを組む形で辣腕を振るっている。

成毛氏の尽力で実現したこととして印象深いのはテレビショッピングだ。ユーグレナの性質上、商品価値を消費者に理解してもらうには商品を店頭にポンと置くだけでは不十分である。顧客との接点を大きくする必要があることは私たちも理解していた。社内の議論の中でテレビショッピングというアイデアは出ていた。

その話を成毛氏にしたところ、すぐにご協力をいただけ、テレビショッピングの実現へと導いてくださった。

テレビショッピングは30分ならその与えられた枠の中で、同じ説明を何度も繰り返しながらユーグレナという素材のバックグラウンドや科学的な優位性についてたっぷり説明ができる、稀有な販売チャンネルといえる。デパートやスーパーのブースで30分説明をしても、最後まで聞いてくれる人は誰もいない。

テレビショッピング以外にも、ユーグレナ社の理念に沿うテーマを扱う雑誌でユーグレナを取り上げてもらえたりするなど、さまざまなメディアをご紹介いただき、成毛氏にはその幅広い人脈を生かしていただいた。

そのときに気づいたのは、その人ならではの独自の価値を持つ人同士は、互いの信頼に基づくネットワークを築きやすく、そのネットワークがその人の価値をさらに高めるという正のスパイラルが存在するという真理である。私は典型的な研究者肌で人脈を広げる時間があったら論文を読んでいたいタイプだが、成毛氏の無双ぶりを間近で見てからは先行投資としてネットワークを広げることに少し興味を持つようになった。

東大ブランドを活用する

06年4月に博士課程に進んだ私は、ユーグレナの生産コストをさらに下げるべく研究を続けた。この時点ではまだユーグレナの培養をしている生産者の八重山殖産が「つくるだけ赤字」という状態。ユーグレナ、八重山殖産、そしてお客様の全員にメリットがある「三方よし」の状態に1日も早く持っていく必要があった。一方で、会社として成長していくためにはマーケティングが必要であり、しばしば私も営業の手伝いをした。

学生時代にIT企業でインターンを経験していたので営業の経験がまったくのゼロというわけではなかったし、知恵を絞った分だけ結果につながる営業活動自体、嫌いではなかった。当時、ユーグレナ社の事務所は六本木ヒルズから神谷町のオランダヒルズ森タワーに替わっていたが、東大での研究の合間を縫っては事務所に顔を出し、ひたすらユーグレナを売り込むために電話でアポイントを取り続けたものだ。

電話を始めてすぐ、あることに気づいた。「東大発のベンチャーであること」、そして「私自身がユーグレナの研究者であること」を真っ先に相手に伝えると、すぐに電話を切られることが少ないという事実だ。考えてみればそうかもしれない。名前も聞いたことがない会社の営業担当から突然電話がかかってきて、「動物でもあり、植物でもあるユーグレナがたくさんつくれるようになったので買ってください」と言われても、なかなか耳を貸そうとは思わないだろう。しかし「東大発の技術で、世界を変える画期的な材料ができました。ちなみに僕がその研究者本人です」と言えば、特に相手が理系出身の場合は、ほぼ興味を持ってもらえた。少し姑息な手ではあるが、背に腹は代えられない。東大ブランドはいつの時代も強い。多少厚かましいかもしれないが、創業初期に会社の信用を広げるためには信念を持って、使えるものは何でも使うべきだと思う。

07年、ユーグレナ社が、東大で開設したばかりのアントレプレナープラザ(起業家の支援施設)に本店の登記を移したのも、同じ考えから。東大発ベンチャーという看板を活用するためだった。この頃には、神谷町を出て渋谷に事務所を構えていたので、本社機能は渋谷にあったが、本店所在地が東大の中にあれば信用力が上がるだろうと読んで登記を変えた。

研究面でもアントレプレナープラザは大いに役立った。私の研究拠点は学部生時代から籍を置いている東大農学部の研究室か、石垣島のアパートに設けたミニ研究室だったが、それとは別に自分たちの研究室を東京で持ちたいと思っていた。そこでアントレプレナープラザに58平方メートルの部屋を1つ借りて実験設備を持ち込み、ユーグレナ社の正式な研究拠点とした。

事前審査を通過してアントレプレナープラザに入居できたベンチャー企業は、東大のいろいろな先生に相談がしやすかったり、共同研究の範囲なら大学の機材が使えたりするなどいくつも特権があり、初期の研究コストをかなり削減することができた。現在は、東大との共同研究を実施したり、講演の依頼があれば積極的に受けたりすることで、このときの恩を少しずつでも返そうと尽力している。

うまくいかない営業活動

東大ブランドに助けてもらいながらメンバー総出で営業活動を続けたが、それでも思うほどはうまくいかなかった。06年9月期の売上高はわずか200万円で、07年9月期の時点では2000万円。創業2年目の売上高は初年度の10倍にはなったものの、この段階で40人ほどの社員を抱えていた。人件費、事務所の家賃、倉庫代といった固定費がかさんでいたので、当然赤字である。

当初は、同じ藻類であるクロレラは健康食品などとして300億円ぐらいの市場があるのだから、ユーグレナの市場も当然すぐにそれなりの規模になるだろうという仮説を持っていた。しかし、現実はそんなに甘いものではなかった。

売り上げが伸びなかった原因はユーグレナという存在があまりにユニークで、食品の材料としての価値が世間で理解されにくかったからである。市場に理解されないものが広がることはない。大口の顧客を探して精力的に売り込んだが、「実績のないものは扱えない」という反応ばかりだった。窓口担当者の反応が良くても、上層部が首を縦に振らないのである。出雲と福本を中心に05年から08年に約500社の企業を回ったが、大口契約は1つも取れなかった。

しかし、必ず理解者が現れると信じて、いつからか出雲や福本、私の月給は新入社員よりも少ない最低限の生活のために必要な水準まで下げた。当初の資金で少しでも長く会社を存続させようと努力を続けた。当時の会社の生命線は、投資家からの追加出資だけになっていた。

伊藤忠商事との契約

そんな会社存亡の瀬戸際に立ち続けたユーグレナ社が、自力で成長できるチャンスを与えてくれた最初の企業は伊藤忠商事だった。ライブドア・ショックから2年後の08年、同社の食品カンパニーと業務提携をした。出資を受けると同時に、食品市場での販路や販売ノウハウを活用して支援していただけることになった。創業以来3年にわたる長いトンネルの中で、ようやく光が見えた瞬間だった。

日本の大手総合商社にはすべて打診したが、唯一前向きな回答をいただいたのが伊藤忠だった。とはいえ、当初は伊藤忠でも上層部の反応は芳しくなかったそうだ。しかし、直接担当いただいた伊東裕介氏は、伊藤忠との協力体制を構築するために時間を惜しまず我々のために尽力してくれた。同社が個の力を重視する社風であることも幸いした。

伊藤忠との交渉プロセスでは、創業メンバー3人がそれぞれの役割を果たした。ユーグレナの社会性の高さや総合商社で扱うメリットを伝えることは、ビジョン発信力のある出雲の役割。ユーグレナが持つ市場でのポテンシャルについては、クロレラ市場を知る福本。そして研究の背景や素材としての安全性、優位性、将来的な展望については私が話をした。

もちろん、業務提携をしたからといってすぐ売り上げにつながったわけではない。食品として流通できるようになるには業界として満たすべき基準がある。

私はユーグレナ培養の責任者として、伊東氏の指示の下、その条件を満たすための安全性試験を製造プロセスの中に組み込んだり、膨大な提出書類をまとめたりしていった。ずいぶん手間がかかるものだと思ったが、商社の先にいる食品メーカーにとって、新しい材料を使うときに最優先すべき事項はやはり品質や安全性である。こうして、いったん流れができるとユーグレナへの引き合いも自然と増えていった。

ＯＥＭ（相手先ブランドの生産）で商材を売りたいなら、食品を市場で売る経験が豊富な総合商社ほど心強い味方はいない。ユーグレナ社は12年頃から自社製品の販売に主軸を移していったが、商売のイロハは伊藤忠から叩き込まれたと言ってもいい。

同社と一緒に仕掛けた商品はいくつもあるが、その中でも印象深いのは14年末、サークルＫサンクス（当時）で発売した「カルボナーラソースまん（ミドリムシ入り）」だ。ユーグレナを練り込んだまんじゅうの生地はほんのり緑がかっており、カルボナーラソースのあんにもユーグレナを使っていた。かなり奇抜なアイデアの商品だったが、一般的な肉まんと比べて栄養バランスに優れているということで健康志向の強い女性によく売れた。

その肉まんを販売し始めた当時、ネットで面白い書き込みを見かけた。「ミドリムシ（ユーグレナ）はさながら砂金のようだ」というのだ。非常にうまい表現である。私たちの販売するユーグレナは、脱脂粉乳のようにスプレードライヤーで乾燥した粉末だ。この粉末を商社やメーカーに納入するまでが私たちのビジネスであり、私たち自身は肉まんの専門家になる必要はない。金が家電製品から宝飾品までさまざまな用途で使われるように、新たなユーグレナの活用シーンを提案し続けられれば、次々とコラボレーション商品が生まれていく可能性が高まるというわけだ。

伊藤忠との協業体制は今でも続いている。食品セクターからさらに連携が広がり、家畜や養殖魚の餌としての活用を視野にいれた生産テストをインドネシアで行っている。

「ミドリムシ」か「ユーグレナ」か?

食品としての販路拡大のきっかけは伊藤忠との業務提携だったが、同時期に当社にとって大きなブレークスルーとなる商品が生まれた。09年に東京・台場の日本科学未来館で企画展に合わせて限定発売した「ミドリムシクッキー」だ。これがマスコミに頻繁に取り上げられ、ユーグレナが世間に知られるきっかけをつくった。反響が大きかったのでその後は同館のショップで定番商品として扱ってもらえることになり、今も人気の高いお土産となっている。

ミドリムシクッキーの企画自体は日本科学未来館の側から打診された。彼らも私たちの新しい技術、完全栄養食になる新しい食品であるというところに興味を持ったそうだ。

クッキーを作ることは社内ですんなり決まったが、ネーミングに関しては意見が真っ二つに割れた。

実は、当社では創業から09年までの間、商品パッケージに「ミドリムシ」という言葉を使うことをタブーとしていた。「ムシ」という響きが「いもむし」や「昆虫」を想起させることを懸念したからである。今でこそ、コオロギを原料にした昆虫食が話題になっているが、当時は消費者への浸透がまったくできていなかった。あらゆる商材やPR資料はすべて「ユーグレナ社が提供する石垣産ユーグレナ」で押し通していた。当然、クッキーも「ユーグレナクッキー」という名称を使う方向だった。

そんな状況で、入社1年目の若手研究者が「あえてミドリムシという名前を前面に出しませんか？」と提案してきた。日本科学未来館での企画展のことを知って自ら担当者に志願したのだ。それまでミドリムシという名称を封印して「ユーグレナ」という呼び方にこだわった営業に尽力してきた福本は、その提案を聞いて目を丸くしていた。

結局、私たちが「ミドリムシ」の名称を解禁した理由は、その商品が企画展の限定商品だったからである。仮に失敗したところで受ける傷は最小限にとどめられる。市場に広く流通する商品と違って、仮に「黒歴史」になったとしても、それを抹消することもできなくはない。インパクト重視で「ムシ」であることをあえて前面に押し出したとき、一般消費者がどのような反応を示すのかリアルな検証もできる。

つまり、このときのミドリムシという言葉の解禁は「方向転換」ではなく、「実験」という位置付けであった。第1章で解説した問題解決のアプローチと同様、「失敗してもやり直しが効く小さな実験であれば、むしろ実験をして知見を得よう」と判断したのだ。

ユーグレナのマーケティングを5年続けても大きな売り上げにつながらなかったのだから、いよいよその事実を重く受け止めるべきタイミングになっていた。「いいものなのに売れないね」と漠然と事実を見ているだけでは事態は変わらないし、「もっと頑張れば売れるはず」という精神論も合理的ではない。

ユーグレナの大量培養を実現する条件を割り出したときのように、ユーグレナがなぜ売れないのかをロジックツリーで考えてみることにした。「食べられることを知らない」「売られていることを知らない」「知っているが買いたくない」と、消費者の受け止め方を3パターンに分けてみた。その上でヒアリングを行うなどして調べてみると、消費者が「食べられることを知らない」ことこそがユーグレナが売れない最大要因であることが分かった。

これには軽い衝撃を覚えた。というのも、当時の私たちは「知っているが買いたくない」という層が増えることを恐れてミドリムシという呼び方を避けていたのだ。しかし実際には、食べられることを知っている人が増える以前の段階でユーグレナは壁にぶつかっていた。そもそも食品としての価値が世間でまったく認知されていなかったのである。だとすれば、パッケージにミドリムシと入れて認知度と理解度を上げる試みは十分価値があると判断した。

反応はすぐに出た。テレビなどのマスコミがイベントの取材をするときに真っ先に探すのは「視聴者の興味を引く絵」である。その点、ミドリムシのイラストが大きく描かれ、「世界を救う？　未来の食べ物！」というコピーの入った緑がかったクッキーほど格好の材料はない。取材依頼が殺到したが、取材を受ける際はミドリムシを色物扱いせず、その機能や可能性を番組内で説明することを条件に取材を受けさせてもらった。こうして一時期、ニュースや情報番組でミドリムシクッキーとユーグレナ社の活動が集中的に取り上げられることになり、伊藤忠と進めていたＯＥＭ製品の販路開拓は一気に動き出した。

② ランチェスター戦略

ユーグレナ社はたまたま大きくなったわけではない。創業時から常に中長期の戦略を練り、その計画に沿って会社を成長させてきた。その戦略づくりの土台として使った経営理論が「ランチェスター戦略」である。航空工学の技術者であったF・W・ランチェスター氏が見いだした戦時における戦闘力を決定づける法則などを基に、日本では経営の世界でも弱者が強者にどう勝つか、または強者が弱者をどう圧倒するかを考えるための販売戦略として田岡信夫氏が体系化し、長年使われている。非常にシンプルだが有効な考え方だ。

ランチェスター戦略には第1法則と第2法則がある。第1法則は「弱者の戦略」と呼ばれ、戦い方は一騎打ちや接近戦、局地戦、ゲリラ戦を想定している。第2法則は「強者の戦略」と呼ばれ、戦場としては広域戦、遠隔戦などを想定している。

第1法則の局面では「武器効率×兵力」の差で勝ち負け（戦闘力）が決まる。第2法則では「武器効率×（兵力）の2乗」の差で決まる。一見すると似た式だが、第2法則は兵力が2乗になっている。広域戦や遠隔戦を戦うときは兵力（人、モノ、カネ）に勝る部隊が圧倒的に有利になる、ということだ。

この考え方をベンチャー企業としての戦い方に置き換えてみよう。まだ社員数や資金が少ないベンチャー企業の弱点は兵力だ。よって大企業が大きなシェアを持っている市場に新規参入したところで、武器効率（技術力、商品力、サービス力）が多少優れていても、第2法則が働くので勝ち目がない。

したがって、ベンチャー企業が市場で生き残るには第1法則が働く局地戦を選択する必要がある。局地戦ならば、多少兵力が劣っても武器効率で勝ることができる。

ランチェスター戦略にはもう1つ重要な法則がある。それはどんな分野であっても1番のポジションを取ると戦局が有利に働く、ということだ。これは日常生活でも実感ずることだろう。例えば日本で1番高い山は富士山（標高3776メートル）だと日本人なら誰でも知っているが、2番目に高い山を知っている人はほとんどいない（答えは南アルプスの北岳、標高3193メートル）。もしくはクラスで飛び抜けて足が速ければ、普段は目立たないクラスメートでも運動会で自然とアンカーを任される。

ベンチャー企業が勝つための戦略は「局地戦」と書いたが、何をもって局地戦と判断すればよいのか。それは「自分が1番になれそうなセグメントかどうか」である。組織も個人も自分が活躍したいドメインを定義して、どの分野で1番になるかを意識しておくことは極めて重要だ。

アマゾンも最初は本の通販から始めて扱う商品を広げた。どれだけ小さな戦場であってもまずは1番になれそうなセグメントを選び、戦いに勝つ。その戦果（収益、顧客、ブランド、経験値、情報網など）で武器効率や兵力を高め、一回り大きなセグメントの局地戦でまた1番を目指す。こうして自分たちが達成したい方向に拡大しながら勝ち続けることで、ベンチャー企業は大きくなれる。上場までいけば、兵力で他社を圧倒する第2法則を適用していい場面も出てくる。

私は個人としても局地戦を勝ち抜いてきた。私は学生時代に「ユーグレナを社会実装したい」と周囲に公言した。その時点では、他にユーグレナ研究に手を上げる若い研究者はほぼいなかったので「次世代のユーグレナ研究者」というポジション争いで1番になれた。世間からすれば「どうでもいい分野の戦い」に見えたかもしれない。しかし、結果的に局地戦で圧倒的な勝者になれたことで、ユーグレナ研究の第一人者だった中野先生をはじめ、ユーグレナ研究会に所属していた全国の先生たちから研究成果を受け継ぎ、そして投資家から支援を受けることができた。

ユーグレナ社を起業するときにまず選んだ戦場は「ユーグレナを使った健康食品市場」である。私たちは最初に海に飛び込む「ファーストペンギン」であり、伊藤忠との提携で流れができ始めると、勝者になるのは難しいことではなかった。なぜなら、大きな相手が存在しない市場を新たに開拓するという局地戦だったからだ。

勝者になるとさまざまな形で協力者が集まる。大手コンビニエンスストアと組んで肉まんにユーグレナを配合するという新しい試みをすることができ、それがニュースやネットで話題になる。するとそれを知った別の食品メーカーの担当者が、「うちの商品にもユーグレナを入れてみよう」と考えてユーグレナを扱う企業を探す。すると、「日本でユーグレナを大量に扱っているのは、ユーグレナ社だけ」と分かって、取引を持ちかけてくれる。

未開拓の地を耕すのは大変であることは否定しない。しかし、いざ市場ができた暁には必ず市場を独占でき、人もお金もモノも情報も集まってくる。これがファーストペンギンのみが享受できるメリットである。私たちは目先の売り上げをしっかり確保しつつも、常に「面」を広げる活動（素材としてユーグレナが活用できそうな市場の調査や仕込み作業）を並行して続けている。後発企業が参入してくる前に、さまざまな領域で1番（強者）のポジションを取っておくためである。

当社が現在狙いを定めている戦場は「微細藻類市場」であり、最終的には「人と地球を健康にするのはユーグレナ社」と誰もが連想する存在を目指している。1番といっても、シェアなのか認知度なのか研究力なのかさまざまな定義はあるが、それを自分たちの中で明確に定義して進めていけばいずれ1番に到達できると思っている。

ランチェスター戦略に従い、どのタイミングでどこにどんな資源を投入して、どんな形で成長していくことが望ましいかを考える。これにより効率的な形で中長期の事業戦略（個人ならキャリア戦略）が立てられるのである。

私は農学部の学生としてユーグレナの研究をスタートしたが、学生時代からビジネス書を読むのが好きだった。ロジカルシンキングやランチェスター戦略を研究や事業に応用してみようという発想は、こうした過去の積み上げから生まれている。

今は起業を目指そうという理系の学生も多いだろうが、社会に広く自分のアイデアを実装するには、こうしたビジネス戦略の知識も重要になることを知っておきたい。

日本を代表する大学発ベンチャーとして上場

ユーグレナ社の船出は決して順風満帆とは言えなかった。しかし、伊藤忠が援軍についたと同時にミドリムシクッキーでその認知が広まり、強い追い風を受けるようになった。インスパイア勤務の社外取締役だった現在の副社長である永田が、インスパイアを退職して常勤役員となった。永田を中心に当社のファイナンス面を整え、12年12月には東証マザーズに上場した。今でこそ珍しい話ではなくなったが、当時は上場している大学発ベンチャーは数えるほどしかなかった。そして14年には東証一部に市場替えすることになる。

上場はユーグレナの社会実装という自分たちの理念を達成するために不可欠な大きなマイルストーンだったわけだが、やはり上場するときもロジックツリーを使って考えた。

東証一部に上場できる企業は、日本全国にある企業のわずか0・05%。2000社に1社というかなりの狭き門だが、運任せの世界では決してない。上場という結果に至るまでには必ず因子があり、上場ができないなら、それには必然性があると考えていた。

どんな経営者でも、上場を目指すなら証券取引所が定める上場基準を満たす努力はするだろう。すなわち、売り上げ規模の条件を満たす、社内のガバナンスを成り立たせる、上場後の資金使途・成長計画を立てることである。

しかし実際には、これらの基準を満たせても上場できない場合もある。その大きな要因の1つが、上場の中心となる主幹事証券会社の熱意だろうと、私たちは仮説を立てた。

彼らが証券取引所との窓口になるため、担当者が私たちの経営理念に共感し、中長期戦略をしっかり理解して、「なんとしてもこの会社を上場させなくてはならない」と強い思いを持って伝えてくれないと、証券取引所の理解が得られないと見立てた。そこで、主幹事証券会社に熱意をもってもらうための壁となる因子は何かを、ロジックツリーで一つ一つ考えていった。

この仮説検証のため、私たちは上場するまでに主幹事証券会社を4回も変えている。上場認定が得られなかったから変えたケースもあるが、上場申請の作業中に変えたこともある。5社目でようやくこのチームとならと思う担当者たちと出会うことができ、上場承認を受けることができた。どんな課題であってもロジックツリーで実現を妨げる因子を我慢強く探し、一つ一つ対策を打っていけば必ず解決策が見えてくる。私はこれまでの経験から強くそう感じている。

ベンチャー企業にとってＩＰＯ（新規株式公開）は事業を離陸させるロケットエンジンを得るようなものだ。今までにない規模で広告宣伝や次の研究開発に資金を回せるようになったり、さらに優秀な人材を集めやすくなったりしたことで、組織としての成長スピードが一気に速まった。

COLUMN

倒産の危機も経験した

もちろん、これまでの取り組みが常に順調だったわけではない。

2009年2月20日、ユーグレナ社の創業メンバーの間で「2・20事件」と呼ばれ、語り草になっている緊急全社会議が本社事務所で開催された。私も事前に詳細を知らされておらず、研究室にいたところを急に呼び出される形になった。当時の私は4人の研究員を部下としていたが、彼らも一様に「何事ですか?」と戸惑っていた。

立ち見の人さえいた会議室で出雲の口から全員に伝えられたのは、端的に言えば、ユーグレナ社の余命は数カ月となったという厳しい宣告だった。

「現状では資本金を取り崩す形で会社を維持してきたが、このペースで行くと資金が尽きて年は越せない。コストカットはもちろんのこと、短期的に売り上げの立つ見込みの高い案件を重点的にこなしてもらいたい」という趣旨の話があった。

大量培養に成功してから3年強。早く結果を出したいという前のめりの気持ちは誰もが持っていたが、自分の会社に実際どれくらいの余命があるのかという現実的な話は役員会議でさえほとんど議題にならなかった。

しかし、09年2月の役員会でこの話がついに取り上げられた。実際に資金の残りを計算したところ、会社の置かれた状況が予想以上に厳しいことが浮かび上がった。ベンチャー企業が資金を消費していくスピードのことを「バーンレート（燃費）」といい、重要な経営の指標になっている。しかし、当時の私たちはそうしたことをまったく考えずにいた。

とはいえ、いきなり仲間の給料を減らしたり、社員のリストラに踏み切ったりするのは出雲の道理に反していた。そこで、社員の協力を仰ぐ必要があると判断した結果、出雲はまず社員に現状を話そうと決意したようだ。

ただ、社内の空気が出雲の一言で劇的に暗くなったわけではない。2・20事件のときも会議室全体が重い空気で埋め尽くされたわけでもない。

それは当社の創業時から一貫したカルチャーとして「明るく、楽しく、前向きに」という基本スタンスが共有されているからだ。そもそもベンチャー企業に入社した時点でリスクがあることはメンバーの全員が承知している。「私たちは世界を変えるために誰もやったことがないことにチャレンジしている。その道は決して平坦ではないから一丸となって突き進まないといけない」という意識を持っている。

こうした気持ちがあったからだろう。当時の私は、出雲の話を聞いても意外と落ち着いていた。ユーグレナ社が最悪の状況まで追い込まれたとしても会社自体がなくなることはないと思っていた。また、ビジネスモデルがまだ確立されておらず、見直しの余地が大きい成長途上のベンチャー企業であり、追加出資を得られる可能性はまだあると思っていた。それがなかったとしても、ユーグレナ社は多額の借り入れをしておらず（できなかったと言ったほうがいいが）、日々の売り上げがそれなりに立っているのだから、コストカットを追求して組織を極限までスリム化すれば何かしらの解はありそうだと思っていた。

支出の削減はできる限りのことをした。仕入れ先企業で支払いを先延ばししてもらえそうなところにはとにかく相談を持ちかけた。毎月一定額を支払って研究者として協力をいただいていた大学の先生たちにも頭を下げて回った。中には「私がいると固定費が負担になるでしょうから」と自主的に契約解除を申し出てくださった方もいる。このときはさすがに心が痛んだ。

資金繰りが厳しくなって取引先などに頭を下げる回数が増えたことは確かだが、むしろ2・20事件を機にチームの結束は強まった。

第3章

ユーグレナ入りバイオ燃料プロジェクト始動

バイオマスの5Fの集大成

バイオマスの5Fに従う形で会社の成長戦略を描いていた私たちにとって、ユーグレナを使った燃料を実現することは「最終ゴール」という位置づけであった。

ユーグレナを食品に使うとき以上に、安く大量に安定してつくらなくては燃料に使えない。生産技術を今まで以上に突き詰めないといけないので、技術的には最難関である。ただ、バスや船、ジェット機などで大量に消費される石油由来の燃料を、再生可能なバイオ由来のエネルギーに置き換える社会的意義は極めて大きい。自動車においてはガソリンを電気や水素に置き換える流れが進んできたが、ジェット機などではまだまだ石油由来の燃料が主流で、再生可能エネルギーの活用は今後の課題となっているからだ。

創業当時は食品用のユーグレナを生産する技術の研究までで手一杯で、ユーグレナをどう量産し、どんな形で燃料にすればいいのかまで技術的に検討する余裕はなかった。ユーグレナを燃料に使うのではなく、粉じん爆発（微粉末が空気中に漂っている状態で着火すると爆発的に燃焼すること）させてエネルギーを取り出したほうが手っ取り早いなどと想像していた時期さ

ユーグレナの生産コストを下げて新市場を開拓

●技術開発ロードマップと市場展開

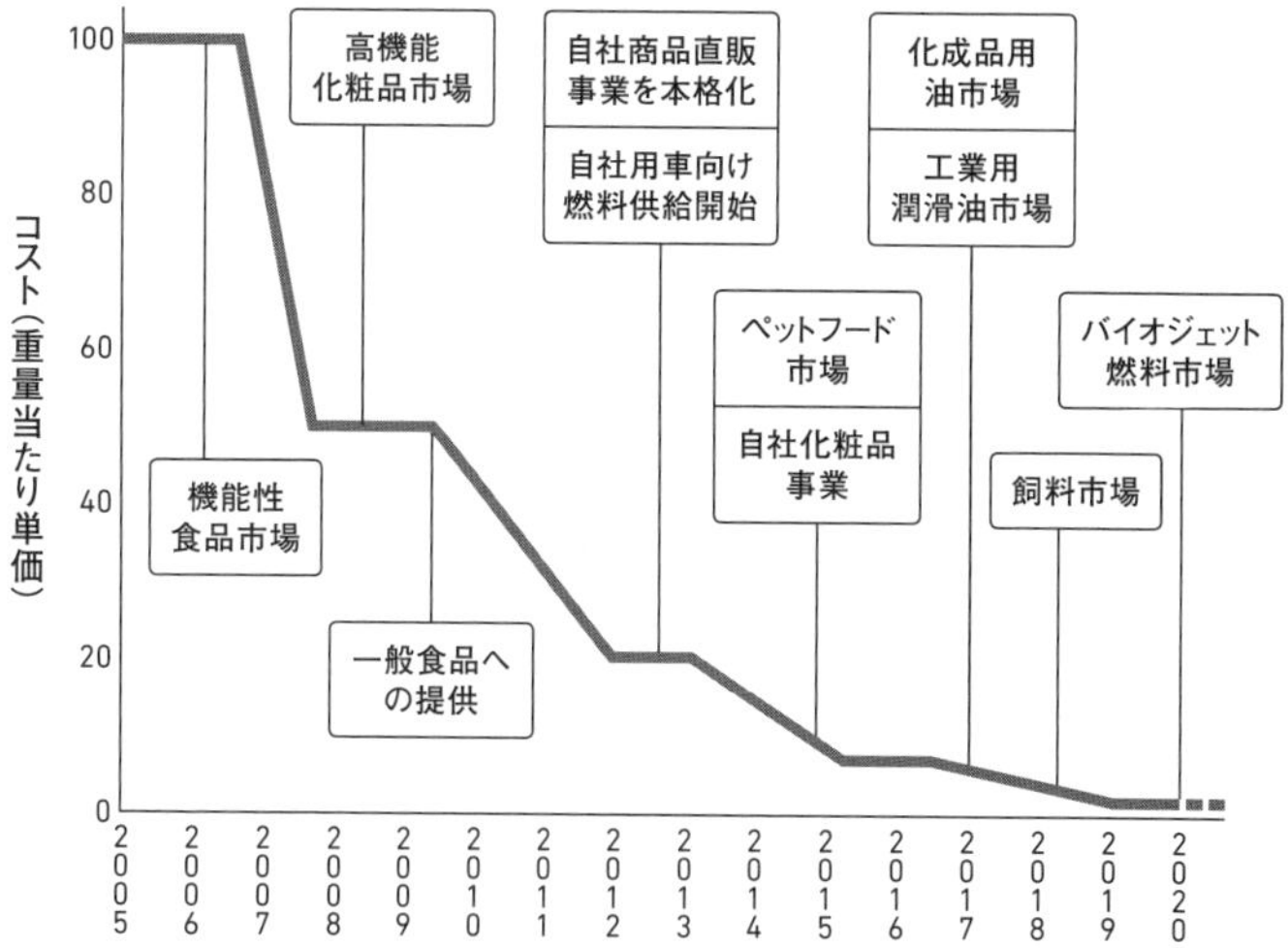

ユーグレナ社が2014年に作成した技術開発のロードマップ。「バイオマスの5F」の考え方に基づいて、ユーグレナ生産のコストダウンを図りながら市場を拡大してきた

えある。

ユーグレナをバイオ燃料として使う可能性を具体的な形で見いだしたのは新日本石油（当時）だ。きっかけは、出雲が２００７年11月に米国で開催された「第１回アルジ（藻類）バイオマスサミット」に参加し、新日本石油でバイオ燃料の研究企画を担当されていた太田晴久氏と出会ったことだった。

当時の航空業界は大きな課題を抱えていた。ヨーロッパ乗り入れ便における厳しい環境基準である。バイオ燃料を使っていない飛行機に対して罰則がかかる規制があり、石油会社もその解決策を模索していた。出雲がユーグレナの話をするとすぐに興味を持っていただき、後日に日本で再会し、私もこのときにお会いすることができた。

その席でユーグレナは油分が多い特性があることを説明すると、こちらが拍子抜けするくらいあっさりと「では私たちのチームで予備的に油分を取り出して確認します」と言っていただけた。

付き合いを深める中で分かってきたことだが、太田氏は私が今まで出会った人のなかで飛び抜けて素直な性格の持ち主だった。太田氏が実験をした結果は良好で、燃料に使えそうなことが具体的に分かってきた。ユーグレナ社と新日本石油は本格的に共同研究をしていこうという話になった。

問題は確保できるユーグレナの「量」である。いくらベンチャー企業の我々が「大丈夫です。つくれます」と言っても、大規模な生産の実績がないことはプロジェクト推進の障壁となりかねない。

そこで、当時、ユーグレナによる二酸化炭素の吸収という文脈で環境負荷低減の共同研究を進めていた日立プラントテクノロジー（現日立インダストリアルプロダクツ）のチームに大規模培養の支援に入ってもらう形とし、3社で研究開発を進めていくことになった。

この枠組みを正式に発表したのは太田氏と出会って2年後の2010年。全日本空輸（現ANA）と日本航空（JAL）からも正式にバイオ燃料開発の要望を受ける形での始動となった。

マスコミでも話題になり、私も取材を受けた。「（ユーグレナを絞って）油がポタポタ落ちる映像以外に、何か絵になるものが欲しい」という要望が多く、燃料式のラジコンカーを購入して実験室で精製したユーグレナ由来の燃料で動かした。会社の経費で「おもちゃを買うとはけしからん」と投資家に叱られそうに思い、最初の1台は自腹で購入した。

バイオジェット燃料利用に当たっての3大課題

新日本石油から明示されたバイオ燃料の生産目標（最小ロット）は年間20万キロリットルだった。ユーグレナの油脂含有率を約3割とすると、当時の石垣島で1年間に生産していたユーグレナの大半を燃料用に振り向けないと賄えない数字だった。しかも、「ユーグレナの生産コストを少なくとも10分の1にしないと誰も買ってくれないだろう」と太田氏からは指摘を受けた。

目標が高いのはもちろんのこと、具体的な数値目標から逆算して研究開発を進めること自体が初めての経験だった。理論を追求する基礎研究とソリューションを追いかける大規模なエンジニアリングの違いを痛感した。

例えば、1リットルのフラスコの中でユーグレナが生み出す油分を最大にするにはどうしたらいいかというテーマなら、科学者としては取り組みやすい。実現に必要な変数が多いといっても数が限られ、ロジックツリーを用いながら枝の刈り込みをしていけば実現の障害となる重要因子を絞り込めるはずだ。しかし、そこにコストと生産量の目標値という新たな評価軸が加わると難易度が格段に上がる。

もちろん環境負荷を減らす社会的に意義のある研究なので、政府から補助を受けたり、社会貢献の枠組みのなかで多少高くても買ってもらったりする選択も可能だった。しかし、経済的に成り立つ枠組みになっていなければ、それは持続可能ではなく、いつか終わりを迎える。社会貢献といった美名に甘えて研究開発の最終目標を保守的なところに置くことは、持続可能な社会を構築しようとするユーグレナのような企業がやってはいけないことである。

ユーグレナをバイオジェット燃料の原料とするために乗り越えるべき技術的課題は、大きく分けると3つあった。

- いかにユーグレナの油分を増やすか
- いかに大量かつ安価にユーグレナを育てるか
- いかにユーグレナを効率よくバイオジェット燃料に加工するか

上記の3つの要素はバイオジェット燃料の生産量と価格を構成する因子であり、1つたりとも落第点を取ってはいけなかった。3つ目の精製技術については既存の燃料精製技術が存在するので、それをユーグレナにどう適用させるかという「ローカライズ」の課題だけだったが、本当に難しかったのは前者の2つである。例えばユーグレナ単体の油分を増やすことができればよいとも考えたが、実際にはそれだけでは達成できない難しいゴールだった。扱う変数は膨大になった。

トルネードチャートで課題を分解

では、このような多くの変数が関わる複雑な課題を解決するためにはどうしたらいいか？私がいつも使っているのが「トルネードチャート」だ。

例えば原価などに対して、「この方法ならこの値づけを実現できるかもしれない」という有力な仮説（生産、加工、流通に至るサプライチェーン構築のアイデア）を立てたら、工業簿記上のすべての項目を書き出す。そして各項目で自分たちが今何点くらい取れていて、何点を目指す必要があるのかをすべて数値化していった。その上でそれぞれの研究テーマを各研究者やエンジニアに割り振ってフィードバックを得ていく。

ただし、実際にコスト削減に取り組み始めてみると、当初定めた目標通りにコストを下げら

トルネードチャートの例

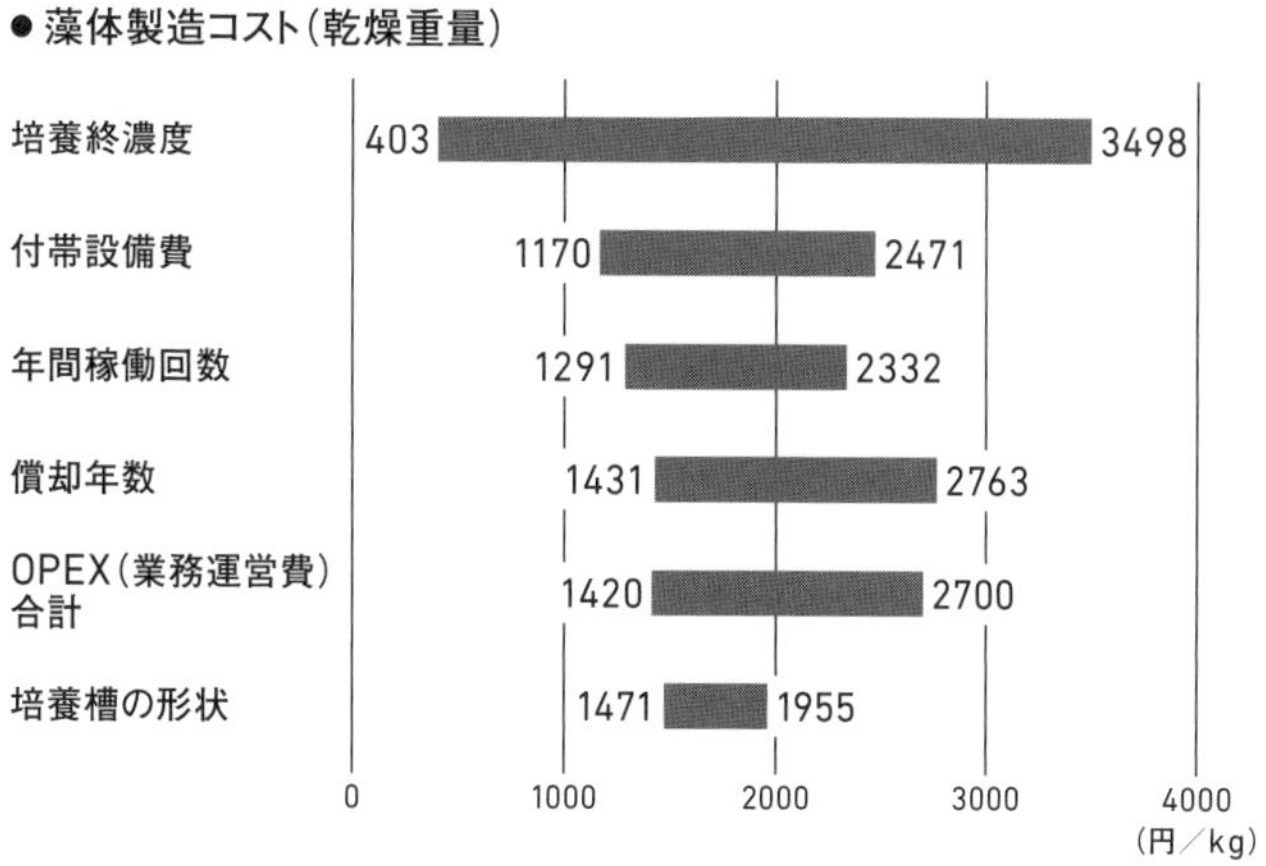

燃料向けにユーグレナの増産をするときに考えたトルネードチャートの例。各変数を調整するとどれだけ最終コストに響くかを一覧できる（数値は仮のもの）

れない項目も出てくる。その場合は「他の項目で大きくコストを削れることが分かったから、コストが下げにくいこの項目は、せめてこれくらいのゾーンに収めよう」といった許容値を適宜決めてバランスをとっていった。これにより、コスト削減を実現するための投資を全体で最適化していくことができる。縦割りで、項目ごとに「当初のコスト削減目標を絶対に達成しよう」などとこだわり過ぎると、非効率な投資を継続することになりがちだ。

こうしたコスト削減を伴う開発に取り組むテクノロジー・ベンチャーを起業する人に理解してほしいことがある。それは、新しい技術を社会に実装したいと思っているなら、エンドユーザーがその技術を使っているシーンを具体的に想像しておくことだ。

当たり前のことのように聞こえるかもしれないが、これができていない起業家志望者が非常に多い。「すごい技術を開発しました」とアピールするばかりで、その技術を提供したときにどのくらいの価格のプロダクトに着地し、どんな人に使ってもらえると考えているのか、質問しても即答できないのだ。

仮に農作業をする人の体に装着し、足腰への負担を軽減するロボットのプロトタイプを作ったとする。社会的に有意義な技術だ。しかし、それが1台100万円するのか5万円で済むのかでは、乗り越えるべき課題も、マーケティングの方法も、収益モデルのつくり方もまったく変わる。開発者目線で言えば、商品としての最終形態がどこに落ち着くのかが仮にでも定義されていないと、そのプロダクトやサービスの価値を決定づける主因（価格なのか、機能なのか、品質なのか）を見極められない。この状態では、どんな研究開発テーマを優先的にこなすべきかが定まらず、非効率な研究や開発をすることになる。

だから、事前に市場での商品価格、想定ユーザーといった開発目標を定めることはごく当然のことだと思うのだが、多くの起業家志望者に尋ねてみると「それは取り組んでみないと分からない」と答えることが多い。

厳密に原価計算をすべきと言っているのではない。想像で設定した根拠のない数字を含んでもいい。とにかく最終形態のプロダクトやサービスの価格イメージを早い段階からチームで共有することが重要なのだ。開発がある程度進んだ段階で「僕は4000円くらいの商品かと思っていました」「私は2万円でも売れると思っていました」といった議論をするのは無駄が多く、非効率過ぎる。最初から叩き台として「この価格帯でプロダクトをつくる」と仮決めしておけば、技術チームは、前出のトルネードチャートなどを使って課題の洗い出しができ、マーケティングチームは市場調査ができるので、建設的にプロジェクトを進められる。

ユーグレナの場合、植物プランクトンと同程度の大量培養ができれば食品としての市場性はあると直感的に理解していた。しかし、その生産コストのままで燃料や素材、家畜の飼料として活用することは無理だと当初から考え、それぞれの用途が実現可能になるターゲット価格を決めていた。具体的には、補助などを受けられることを勘案して、バイオ燃料であれば1リットル当たり200円以下と想定していた。価格を決めるからこそ、従来の培養プロセスでどの項目をどれだけ妥協するか、どれだけ規模を大きくすればスケールメリットが享受できるかといったことを考えられるようになる。こうして研究テーマが具体化していくのだ。

さらに、その研究テーマが自分たちだけでは乗り越えられないと判断できれば、共同研究先を探したり、アウトソース先を探したりすることもできる。バイオ燃料プロジェクトも課題の内容に応じていくつかの塊に分け、基礎研究寄りのテーマは大学の研究室、品種改良や遺伝子組み替えのような領域は、国立の研究機関で協力を依頼していた理化学研究所のチーム、論文になりづらいテーマは自社もしくは民間企業とそれぞれ連携することでプロジェクトを前進させてきた。さまざまな要素が複雑に絡み合った大きなプロジェクトを進めるときは、こうしてマルチタスクで並行して課題をこなすしかない。

まだ検討すべきことは多いが、ここからは燃料への利用を実現した3大課題をどう解決してきたかを振り返ってみよう。

スーパーユーグレナをつくる！

ユーグレナはワックスエステルと呼ばれる油脂の一種を細胞の中に含んでいる。通常、ワックスエステルはユーグレナの重量の約10％にとどまるが、私たちは30％以上にすることに成功している。最終的には、細胞の重量の半分がワックスエステルとなるバイオ燃料製造に最適化した「スーパーユーグレナ」の生産を目指している。

ユーグレナに含まれる油脂を増やすためには大きく分けて2つの方策がある。1つは培養プロセスの調整、もう1つは品種改良だ。バイオ燃料に適したユーグレナを量産するには両面から研究する必要があった。

培養プロセスの調整

培養プロセスに関しては、大阪府立大学の中野先生からユーグレナの研究を引き継いだ段階で「酸素が減ると、脂肪中の油脂が増える」という話を聞いていた。かつて先生の研究グループで培養実験をしていたとき、水中が酸欠になったときに大量のユーグレナが水面に浮かび上がる現象に気づいた。ユーグレナの物性が変わっているのではないかと考えて調べてみると、細胞内のワックスエステルの割合が通常の生育環境よりも増えていることが判明した。つまり、比重が軽くなって浮いてくるわけだ。

ではなぜ酸素が足りないと油が増えるのか？　後の研究によって、酸欠になると細胞内に油が生成される代謝メカニズムが存在することが分かってきた。

ユーグレナの細胞内には、エネルギーを貯蔵する化合物としてグルコース（糖）がある。ユーグレナが生命を維持するために、周囲に酸素がない状態でグルコースからエネルギーを取り出すと、少量の二酸化炭素と大量のワックスエステルができる。周囲に酸素が不足している環境で、生物が呼吸を維持するためにはいろいろな方法があるが、ユーグレナの場合はたまたまワックスエステルを生成する代謝機能を持っているのだ。人間が激しい運動をしたときに乳酸がつくられるのと似ているといえばよいだろうか。

自然界で酸欠状態が起きやすいのは、ユーグレナが池の底に近いところに沈んだときだ。そのとき、ユーグレナは光さえあれば光合成で二酸化炭素から酸素をつくることができる。よってユーグレナはエネルギー確保と並行して浮き輪代わりに体内の油脂を増やし、水面下に浮上しようとするインセンティブが働く。こうした生存戦略を持っていたからこそ、ユーグレナが生き残ってきたといえる。

ただし、ワックスエステルが通常の倍くらいあるスーパーユーグレナをつくるには、単に環境を酸欠状態にするだけではまだ不十分だった。そこで私が着目したのは、培養の終盤で窒素を欠乏させること。窒素は細胞内にタンパク質をつくる原料として使われる。ユーグレナを窒素がない状態に置くと、タンパク質がつくられなくなるので糖分と油脂が増えることが分かった。その状態で酸欠にすると、先に説明したように糖が油脂に変わる。

この合わせ技でユーグレナの油脂を増やす方法で特許を取り、さまざまな研究者と協力をして開発を加速させてきた。

品種改良1　突然変異を増やす

個人的に研究を心底楽しんだのは品種改良のほうだ。話が少しマニアックになってしまうが、できるだけ分かりやすく説明したい。

まず、ユーグレナは細菌のように自らの細胞を分裂させて増殖する生物である。雌雄が認められていないので、動物や植物の品種改良の定番手法である、「掛け合わせ」ができない。例えば、目的とする性質Aを持つオスと性質Bを持つメスを掛け合わせ、性質Aと性質Bを両方持つ品種をつくり出すといったことができないのだ。

現在、ユーグレナ属の藻類は約50種類いるとされる。これらは突然変異によって生まれてきたと考えられている。生物の性質を決める設計図である遺伝子は、紫外線を受けたり、発がん性物質を浴びたりするとその並びが変わってしまうことがある。これが突然変異だ。

ただ、突然変異で生まれる品種は、個体の生存のために不都合な性質を持つことが多く、その代限りで大半が死に絶えてしまう。しかし、まれに新しい環境に適合した変異が起きることもある。するとその品種は長く生き延び、数を増やし、いずれ1つの「系統」となる。こうして生き残ったのが約50種のユーグレナというわけだ。

こうした前提を踏まえ、油を多く含むユーグレナにするために私たちが試みたことは2つある。第1に、突然変異が起きやすい環境をつくって新しい品種を生み出し、油が多く含まれる個体を選別していく方法。第2に、遺伝子組み換えで人工的に新しい品種を生み出す方法だ。

まず、突然変異を引き起こす装置として活躍したのが、理化学研究所にあった重イオン加速器という巨大な装置だ。2016年に113番目の元素として周期表に登録された「ニホニウム」を発見した理化学研究所の森田浩介先生のチームが使っているもので、各種のイオンを加速させて物体に衝突させることができる。森田先生たちはさまざまな標的物質に別のイオンをぶつけ、新たな物質を見つけるという実験にこの装置を使っている。

同じく理化学研究所の阿部知子先生は、花や海藻などの種子や組織にイオンビームを当てて品種改良するために重イオン加速器を使っていた。そのことを知った私は、すぐに阿部先生に相談して「ユーグレナの品種改良でも使わせてください」と相談した。理化学研究所としても国費を使って建設した装置を有効利用したいので、ユーグレナが賄える分の共同研究費を負担して使わせてもらうことができた。

この品種改良は、種子や組織がボーリングのピンに当たり、ぶつけるイオンがボーリングの球に当たると考えればよい。ピンに球が衝突すると、種子などに含まれる遺伝子がバッと散らばる（実際の装置では無数のボーリングの球を一斉に投げるのに近い）。すると多くの個体は遺伝子配列を元通りに修復しきれず遺伝子の並びに変化が起こる。

こうして従来いなかった「超個性的なユーグレナ集団」を一定量つくったあと、その中から有用な個体の選別作業に入る。青色の光を当てると油が含まれるところが緑色に発色する特殊な蛍光物質で染色して、油の多いユーグレナをどんどん選り分ける。これが1次選考だ。

1次選考を通ったユーグレナを培養装置で育て、前述のプロセスを2次選考、3次選考と繰り返す。こうして、3次選考を通ったユーグレナを培養したところ、高い割合で油の多いユーグレナが取れた。スーパーユーグレナの誕生だ。

品種改良2　ゲノム編集

もう1つの品種改良手法が、人工的に遺伝子組み換えをする「ゲノム編集」だ。

これは、2020年10月にノーベル化学賞を受賞した技術である「CRISPR/Cas9（クリスパー・キャスナイン）」と呼ばれる手法を試みている最中である。

この技術は、DNAやRNA中の遺伝子の任意の並びを外したり、新たな並びを挿入したりできる最先端の手法だ。これにより人為的に新たな遺伝子の並びをつくり出して、油の多いユーグレナをつくろうとしている。

ただし、ゲノム編集をするには、遺伝子をどう操作すれば目的を達成できるかという情報（少なくとも仮説）が分かっていないと意味がない。だから私たちはユーグレナを突然変異させたり、培養環境を変えたりして、油脂を多く含むユーグレナをつくり出してはその遺伝子の発現する（遺伝子の性質が具体的に現れる）量の変化を調べ、どの遺伝子が油の多さに関係しているのかについて仮説を立てる。そして、ゲノム編集により、その遺伝子を持つユーグレナと持たないユーグレナをつくって検証すると、油脂を増やす遺伝子を特定できるようになる。

三重県多気町に造った培養プール。地面に穴を掘って農業用シートを被せるという簡易な構造だった

そうすれば、もっと効率よく品種改良ができるわけだ。

三重での生産実証実験

燃料に使うために、ユーグレナを今以上に安く大量に生産するには、石垣島の生産設備と同じものを増やすだけでは無理があることも分かってきた。新たな生産体制を目指して仮説の検証をするため、16年10月から19年3月にかけて、三重県多気町《たきちょう》で大規模な生産実証試験を行った。

中部電力のグループ会社が運営する木質バイオマスを燃料にする発電所が多気町にある。その隣の敷地に燃料用ユーグレナを増やす国内最大級の培養プールを造ることになった。中部電力グループの中部プラントサービス、三重県、多気町との共同事業だった。

火力発電所の横で実験をしたのは、木質チップを燃やして発生する二酸化炭素をユーグレナの培養に活用するためだ。ユーグレナを使ったバイオ燃料は化石燃料の使用を減らすためのものなのに、それをつくるのにユーグレナで代替できる以上の燃料が必要なら意味はない。

そこで、ユーグレナの培養に投入したエネルギーを1とすると、2以上のエネルギーを生み出す油脂を取り出せ、しかも培養時に二酸化炭素を吸収する仕組みができるという仮説を社内で立てていた。それを実証することが、三重県の培養プールでの実験の具体的な狙いだった。

火力発電所や大規模工場の隣でユーグレナを生産し、それらの施設からの二酸化炭素の排出を減らすという構想は、東大の近藤次郎名誉教授が論文内で提案していたものだが、これまでは液量が1トンを超える規模で検証を試みたことはなかった。その実験をついに実現する機会が巡ってきた。近藤先生の論文を繰り返し読んできた私にとって、これほど名誉なことはないと気持ちが高ぶった。しかも、二酸化炭素削減、バイオ燃料の開発という2つの大義がそろったことで、国の補助金も得られることになった。

この多気町での実証試験では大きな成果が得られた。二酸化炭素の削減につながることが実証できたのはもちろん、低コスト化のメドが立ったのだ。

低コスト化を追求するため、石垣島のようなコンクリート製の培養プールとは違う発想で施設を造った。まず、小橋工業（岡山市）製の農機を使って地面に大きな穴を掘り、そこに農業用シートを被せて培養プールを造った。一番大きなプールは、幅11メートル、長さ99メートルの大きさがあった。しかし、工事が容易なため、攪拌器の設置、配管工事、比較用の小規模プールの設置などを含め、わずか2週間で完成した。工期が短いとコストが下がるだけでなく、工事による二酸化炭素の排出も減らせることになる。穴を掘ってシートを被せるという簡易な構造でも生産性や耐久性に問題がないことが、この実験で確認できた。今後はこの技術を使い、東南アジアなど海外で燃料用ユーグレナの培養に挑戦する予定である。

バイオ燃料製造実証プラント

燃料用ユーグレナの量産にメドがついたら、今度はそれをバイオジェット燃料に加工する大規模な設備もまた必要になる。私たちは、三重県での実験と並行してその準備も進めた。

18年には、年産125キロリットルの生産規模を持つ日本初のバイオジェット・ディーゼル燃料製造実証プラントを横浜市鶴見区につくり、19年から本格稼働した。総投資額は約70億円に上った。

当面はユーグレナ由来の油脂だけでは燃料として足りないので、国内の食品工場などから出た使用済み食用油を加工してユーグレナの油脂と混ぜてバイオ燃料をつくっている。

売上高150億円の会社にとって70億円という投資は極めて重い負担だった。しかしそれは、バイオジェット燃料市場の成長を見込んだ上での決断である。

バイオ燃料市場はいずれ100兆円規模に成長すると見込まれており、私たちも将来的には世界中にユーグレナ工場とさらに大規模な燃料製造プラントを造りたいと考えている。鶴見のプラントは壮大な計画の第一歩にすぎない。さまざまなデータを取りながら改良点をリストアップしている最中だ。

なお、ユーグレナ社は、このプラントの建設に金融機関からの借り入れは一切していない。上場によって集めた資金を充て、19年には一括して費用計上している。

この鶴見の実証プラントはさまざまな検討をした結果、旭硝子京浜工場（当時、現AGC横浜テクニカルセンター）の敷地を間借りしている。可燃性の製品をつくるプラントなので建設場所は工業地帯の中に限定される。そこで、横浜市から紹介されたこの場所を選んだのだ。

横浜市鶴見区のバイオジェット・ディーゼル燃料製造実証プラント

奇しくもユーグレナの中央研究所から徒歩圏内にあり、なおかつ私がユーグレナと同時に籍を置く理化学研究所横浜キャンパスの目の前でもあった。普段の私はこの「研究ベルト」をグルグル回りながら仕事をしている。

工場建設自体もすべてが順調だったわけではない。製造技術には米国の技術というひな形があったものの、ユーグレナバイオ燃料に合わせてローカライズする必要があった。

いざ始めてみると次々に課題が見つかった。その都度、設計と施工を依頼した千代田建設と一緒に試行錯誤を続けることになった。創業当時には、まさか自分が燃料プラントのエンジニアリングについて、ここまで詳しくなるとはまったく想像すらしていなかった。

バイオジェット燃料の厳しい規制

飛行機の燃料は、その品質や安全性などで厳しい条件がある。この規制を満たすことも私たちにとっては実証プラントと同じかそれ以上の大きな壁となった。なぜなら、自分たちでできることが限られ、私たちの手ではどうにもならない領域もあったからだ。

一番のハードルとなったのは、序章でも触れた米ＡＳＴＭインターナショナル(旧・米国材料試験協会、以下ＡＳＴＭ)という団体が定めるバイオジェット燃料の製造技術に対する国際規格(Ｄ７５６６規格)の認可を得ることだった。化石燃料由来のジェット燃料と同等の性能を確保するための規格であり、ユーグレナの油脂を用いたバイオ燃料がこれを満たさなければ民間航空機には使えなくなってしまう。

私たちが採用したバイオ燃料の製造技術は、米国の石油メジャーの一つであるシェブロンが開発したもので、同社の製造技術がＡＳＴＭの認可を受けない限り私たちのプラントも認可を得られないという構図になった。私たちはシェブロンにひたすら情報提供をする側となり、彼らがＡＳＴＭと辛抱強く交渉を続けていった。ＡＳＴＭの認証が得られたのは、シェブロンから聞いていた当初見通しより数カ月遅れ、20年1月のことだった。

横浜・鶴見のプラント建設は、ASTMから認証されるという前提で17年から準備に動き始めていた。そこから数えれば3年近い時間がかかったことになる。この認証が得られなければ約70億円の資金が無駄になりかねず、この3年間は他の仕事をしながらも、ASTMのことで心中はいつも穏やかではなかった。それだけに認可の一報を聞いた私は思わず胸をなで下ろした。その後は、国土交通省航空局に迅速に動いていただき、バイオジェット燃料に関する新たな通達が20年2月に行われた。これにより、国内でもユーグレナを用いた燃料でジェット機を飛ばす土台が整った。

ちなみにシェブロンとの関係構築でも、業界の経験が豊富な新日本石油の太田氏に活躍してもらった。シェブロンと交渉を始める段階で、太田氏は新日本石油を早期退職してユーグレナ社の技術顧問に就任してくれていた。私たちがまったく土地勘のない燃料の規制をクリアするに当たって、こんな心強い仲間はいなかった。

米国フロリダにあるシェブロンの事務所を太田氏とともに訪れて、私たちが「ユーグレナでバイオジェット燃料をつくりたい」と説明したときは、ユーグレナが原料の一部であることよりも、日本企業が燃料をつくろうとしていることにシェブロンの担当者があぜんとしていた。

ユーグレナ社という聞いたこともない会社が、そんな大胆な計画を打ち明けたのだから無理もない。ただ、当社のこれまでの取り組みを丁寧に説明し、さらにユーグレナバイオ燃料の実現に向けた課題を先方のチームと議論するうち、徐々に信頼関係を構築できた。これにも太田氏の橋渡しが効果を上げたことは言うまでもない。

掛け捨てではないという自信

量産の技術的な課題や規制のハードルを乗り越えるため、どんな苦労をしたのかを振り返ってきた。もちろん、こうした課題は厳しい壁ではあるが、製品の研究開発に携わっている企業の人間であれば誰でも直面することだ。私たち研究者・開発者にできることは、一見、複雑な課題に対して論理立てて向き合い、それを解きほぐして一つ一つの小さな課題に落とし込み、それを着実にクリアしていくことしかない。

私にとって、バイオ燃料への取り組みを始めてからの12年が長く感じられた最大の要因は、周囲からのプレッシャーだった。特に風当たりがきつかったのは、ユーグレナ社の起業から間もない2007年頃だろう。米国の政策などをきっかけにバイオ燃料ベンチャーのブームが起きた。海外では植物プランクトンや穀物などを使ったバイオ燃料に挑戦する企業が雨後のタケノコのように現れ、その大半は後に消えていった。

そのブームの最中、ユーグレナ社は海外ベンチャーと比較され続けた。投資家や企業の方と会うたびに「あの会社はあれだけ多額の資金を集めたのに、あなたたちはなぜもっとお金集めに必死にならないんですか？」「研究チームが数十名規模のままで世界に対してどうやって競争力を保つ気ですか？」「そんなにゆっくりした取り組みで、本当にユーグレナで社会を変えようとしているんですか。その気概が感じられない」といった指摘を受け続けた。

純粋な研究者目線で言えば、研究チームを10倍、100倍と拡大できるなら、それに越したことはない。研究者の人数を1桁ずつ増やしていけば、1、2年でそれなりの結果は出せるかもしれない。しかし、現実としては、研究者を引きつけ、派手なチーム組成をするためには相当なオーバーコミットメント（日本語でざっくり言えば、〝大ボラ〟）が必要になるはずだ。その期待にユーグレナ社が応えられなければ、投資家や協力企業からの継続的な支援を受けられなくなり、肥大化したチームが空中分解するリスクが非常に高い。実際、ブームのときに生まれて事業を停止したベンチャーにはそうした会社が多かったように思う。

私たちユーグレナ社の基本戦略は「成果が出るまで研究を続けられる状態を持続すること」。

つまり研究環境の持続可能性（サステナビリティ）を常に考えることである。一か八かの勝負に出て大儲けすることではない。当社はあくまでもバイオマスの5Fに従って、会社としての発展と整合がとれるチーム編成を心がけてきた。未来への投資は続けるが、それは現状のビジネスモデルで得られた収益をベースとしている。

私たちからすれば、外部環境に依存することなく営業キャッシュフローの中から研究開発費に一定のお金を回し続ける自走式の経営は、当社の大きな強みであると自負している。しかし、周囲はなかなかその真意を理解してくれず、急激な拡大を求めてくることが多い。10年以上も継続して投資してくれる投資家はなかなかいないのが現実だ。

投資家を引きつけ続けるには、研究が前に進み続けていることを認知してもらえるよう、定期的なイベントを開催して情報発信をすることがポイントになる。

例えば年に1回の株主総会。そのとき「今年度は目立った研究成果はありませんでした」では投資家は納得しない。最低でも1年に1回はマスコミで話題になるような実績を残していかなければならない。そのあたりの工夫は研究開発部門を率いる立場として、それなりにうまくできたと思っている。

一方で、民間企業の研究者として10年以上も成果が上がらないテーマに取り組み続けることは、メンタルの維持という意味においてかなりきつい話だったことは間違いない。これだけの投資をしながら成果が上がらないプロジェクトは、普通の企業ならば廃止になったとしてもおかしくない。私がそのプレッシャーに耐えることができたのは、「バイオ燃料開発への投資が掛け捨てにはならない」という確信を持っていたからだ。

なぜなら、「安く大量に生産する技術」は、食品や化粧品用としてのユーグレナの生産にも生かせる。また、第5章で触れるが、バイオ燃料化のプロジェクトを通して、ユーグレナを原料に用いたバイオマスプラスチックをつくることができる可能性も見えてきた。

20年7月には、川崎市にある明治大学の黒川農場、戸田建設などとの共同研究で、油脂を取り出した後のユーグレナの残渣（しぼりかす）をイチゴ栽培の有機液肥として活用し、化学液肥と同等の品質・収量が期待できることが分かった。牧草や野菜くずなどから有機液肥を開発する試みはいろいろ行われているが、原料に含まれる有機酸が作物に悪影響を与えるケースがある。その点、ユーグレナは油脂の抽出過程で大半の有機酸が取り除かれるため、その残渣は肥料に適している。

このように、ユーグレナに関する研究であれば、無駄になるものはほとんどない。逆に言えば、一石二鳥、三鳥を狙える研究をいかに計画・実施できるかが重要である。

③ 比較優位の原則

バイオ燃料プロジェクトが立ち上がった当初は、私たちのような技術系ベンチャー企業と大企業が共同研究を行うことに対し否定的な支援者もいた。「ビジネス上のうま味も、知的財産も、最終的にはすべて大企業に持っていかれてしまうのではないか」という懸念からだ。確かにスタートアップ界隈ではよく耳にする話ではあるが、①自分たちが差し出すものの価値を自分たち自身でしっかり認識する、②契約などでは、入念にリーガルチェックを入れる、③百戦錬磨の出資者などにアドバイスを請う、など、二重三重の備えをすれば、ベンチャー企業の存在価値が高まっている昨今、不平等条約のような形にはならないはずだ。

むしろ、兵力に劣るベンチャー企業（や若い研究者）にとって、資金力とインフラを持つ組織との協働体制は積極的に活用すべきだと思う。私はバイオ燃料プロジェクトだけではなく、第5章で紹介する大小のさまざまなプロジェクトも、大半は大学との共同研究や民間企業とのコラボレーションやオープンイノベーション、国の補助金付きなどの形で進めている。

1人でコツコツ研究を続けることが好きな人もいるかもしれないが、実績を独り占めすることが目的ではなく社会課題をいち早く解決したいのなら、自前主義は非効率だ。私の場合、新たな研究テーマが見つかったら真っ先に「誰と一緒にやろうか」と考えるのが癖のようになっている。

共同研究やオープンイノベーションのチャンスを増やすために意識してきた考え方がある。経済学者のデビッド・リカードが提唱したミクロ経済学の「比較優位」の原則だ。貿易理論のベースとなっている考え方であり、ランチェスター戦略と同様、私があらゆる場面で戦略を練るときに意識している。

比較優位の原則とは端的に言えば「相手側が自ら用意するのが大変で欲しがるものを提供できれば、その他の面で劣っていても取引が成立する。だからその財の生産に集中せよ」ということである。実際、共同研究にはさまざまな形がある。資金負担を参加する企業の頭数で均等割りするケースもあれば、大きな額が出せない企業はその分、研究者などのマンパワーを差し出すケースもある。

当社の場合、共同研究相手の誰もが欲しがる強みは、ユーグレナという原料だ。ユーグレナのポテンシャルには昔から多くの研究者が注目してきたが、当初は「ユーグレナを安価に量産できるプレーヤーは当社しかいなかった。よって「ユーグレナなら出せます」といえば、対等な関係で大企業と契約を結んだり、著名な学者と共同研究したりすることが可能になる。無名なベンチャーにすぎなかった私たちが伊藤忠やANA、JALといった企業と組むことができたのはユーグレナのおかげである。

個人にしても組織にしても、ヒト、モノ、カネ、情報といったリソースが完璧に満たされているケースはめったにない——。この発想が重要だ。相手の能力を示すレーダーチャートでどこがへこんでいるか？　そのへこみを補う提案ができそうか？　こうした視点で日頃から自分たちの強みをアピールしたり、さらに強化したりして外部連携の形を模索していくと、思うよりあっさりとチームアップできるものである。

当社は成長期がバイオベンチャーブームと重なった。前述のように他社と比較されて大変なこともあったが、最終的には有利に働いた。2005年頃から「産学連携」という体制自体が評価されるようになったからだ。私たちは早い段階から、東大や理化学研究所などと一緒に共同研究をして政府予算を獲得したりすることを積極的に仕掛けてきたが、それはバイオベンチャーの需要の高まりを察知していたからである。

比較優位の原則は個人レベルでも当てはまる。例えば有名な学者や経営者、投資家などがあなたに会ってくれるとする。その人がわざわざ時間を割いてくれるのは、時間を差し出すに値する何らかの価値を期待しているからだ。実際に会えたのは「たまたまその時間が暇だったから」かもしれないが、「相手は自分からどんな価値を期待しているだろうか？」と必死に考え、相手の期待を充足させていくことで、その関係は継続し、場合によっては拡大していく。

若い研究者や起業家には、「自分にはまだ知識も技術も実績もないので」といって萎縮し、大きなチャンスをみすみす逃している人を見かける。それは、実にもったいない。アイデアはあっても、知識や技術や実績がないからこそ、それを持っている人や組織と組むべきなのだ。

会社を設立する前、一学生にすぎなかった私は、全国を飛び回ってユーグレナに関わる先生たちから話を伺うことができた。先生たちも自分の研究で忙しいなか、わざわざ時間をつくってくれた。中野先生の口添えがあったことも大きいが、私が本気で大量培養を目指していると相手に伝わったことも理由だと思う。つまり、私に知見を託すことでユーグレナの培養が実現すれば、自分たちの研究にも利するという期待があったと思うのだ。全体としては劣後していたとしても、相手が欲するニーズをピンポイントで満たすことができれば取引はできる。自分の強みが限定的でも絶対的なものに成長すれば、相手がどれだけの大物でも握手券を買って握手会に並ぶのでなく、対等な立場でコミュニケーションが取れる。

知識も技術もないのであれば、最初は「若いので寝ずに頑張ってチームに貢献します」というアピール方法でもいい。自分の強みは何か？　相手は何を欲しているのか？　そうした点を常に意識して、その強みを伸ばす努力を続けることが肝心である。

自信過剰は問題だが、自信喪失では何も前に進まない。

COLUMN

研究とビジネスの両方に軸足を置く強み

私の研究者としてのスタイルに特徴があるとすると、アカデミックの世界とビジネスの世界の両方に軸足を置き続けてきたことである。ビジネスサイドの人からは「鈴木さんはいったい何を目指しているんですか。本業に専念してくださいよ」と言われることもあるが、ユーグレナの社会実装という夢を実現するためには、両方の環境を持つことが必要だと私は確信している。

だから、というわけでもないが、私は通常3年で取得する博士号を10年がかりで取っている。大学3年生のときに入った研究室に15年もいたことになる。ユーグレナに出合った当初は、ユーグレナの大量培養技術で論文を書いてとりあえず博士号を取得して企業活動に専念することも考えた。しかし、大量培養技術の守秘義務や特許の関係でいろいろと制約があり、結局は博士号の取得まで10年かかってしまった。

大学に籍を置くメリットはやはり研究設備が使えることだ。ライブドア・ショックでユーグレナの事務所が一時使えなくなったときも、私は大学に行きさえすれば落ち着いて実験に専念できる自分の城があった（なぜか出雲がそこで仕事をすることもあったが）。仮説の構築で悩んだら気軽に相談できる仲間たちがいた。それだけでも学費の元は十分取れている。

私の指導担当だった大政謙次教授の理解を得られたことも大きい。通常、博士課程の学生は同じ研究室の後輩の面倒を見るのだが、私は完全に「別枠扱い」で研究に没頭することができた。

余談だが、私が在籍した生物環境情報工学研究室は少しユニークで、私を含めて起業の道を選び成果をあげているメンバーが同時期に多くいた。

自ら立ち上げたモバイル広告技術のスタートアップ、シリウステクノロジーズを日本のヤフー（現Zホールディングス）に売却し、同社の最年少役員になった宮澤弦氏や、２０１９年に上場を果たした就職情報サイト運営会社ハウテレビジョンの音成洋介氏などは同じ部屋で研究をしていた後輩である。

思い返すと研究室のメンバーの前で会社の成長戦略やビジョンについて偉そうに話をさせてもらったこともある。それが彼らの起業にどれだけ影響したのかは分からないが、当時から社会課題について議論を交わしたり、ビジネス談義に花を咲かせたりするような雰囲気はあった。やはり人を育てるのは環境である。

第4章

成功の基礎は学生時代に生まれた

東京大学には一浪の末に進んだ。東大にこだわったのは「強い人に会うため」である。自分より優れた人と時間を過ごすことが自己成長につながると思ったからだ。そのため、入学直後は気になるサークルに片っ端から参加した。楽しいキャンパスライフを過ごす友達ではなく、学生生活を一緒にして成長できる仲間となる最適な人物を探すためである。

そのとき飛び込んでみたサークルの1つが、1年に1回、企業を巻き込んで大規模なビジネスコンテスト「KING（キング）」を主催していたイベントサークルだった。このサークルは1年生が上級生のサポートに回り、2年生がコアメンバーとして動き、3年生になると卒業してしまう2年周期の珍しいサークルである。現ユーグレナ社長である出雲は私がこのサークルに入った年の実行委員長だった。

出雲は明らかに周囲の東大生とは違っていた。とにかく人前で話し、聴衆の心をつかむ能力が突出して高かった。そうした能力が評価される機会は、高校時代には弁論大会くらいしかない。しかし、大学生になった途端にこの能力はとても重要になる。さらに彼は、貧困問題への関心から大学1年生でバングラデシュを訪れるなど行動力もずば抜けていた。学力という学生の一般的な評価軸とはまったく異なるところで活躍している出雲に強烈な魅力を感じたのだ。

私は出雲に憧れる側面はあったが、出雲と同じように雄弁な人間になりたいと思ったわけではない。私は私の路線で、自分の強みを生かしていこう。それにより、出雲と同じ時間を過ごすに値する人間になろうと意識した。

その好例が、大学1年生のときに出雲に誘われて出場した大学対抗の株式投資コンテストである。1999年、インターネットを通じた株取引の自由化が始まった。コンテストの参加者に東大のチームがいなかったため、主催者が東大からの参加者を探していると顔の広い出雲が聞きつけ、一緒に出てみようと持ちかけてきたのだ。ちなみに、当時の出雲は投資に関してまったくの素人だったが、「出るからには優勝する」と張り切っていた。

私も投資の知識はなかった。しかし幸い勉強と数学が大の好物である。専門書を読み、情報を集め、理論を立ててと、現在ユーグレナの研究でしているのと同じように戦略を立てて投資をしたところ、何と優勝してしまった。

どのような株に投資をするべきかを割り出すには、昔から数学を駆使した理論が用いられる。当時は、1997年にノーベル賞を受け、金融工学の先駆けとなったことで知られるブラック・ショールズ理論が一世を風靡《ふうび》しており、この理論の基になる微分方程式を用いて投資をしてみようと考えた結果だった。このコンテスト優勝の特典だったニューヨーク旅行が私にとって初めての海外である。

このように出雲がビジョンを描き、その実現に向けて頭を動かすのが私の役目であり、分業により互いの価値を交換する相手として最適な人物だと思っていた。ベンチャー企業の経営チームがうまく行くにも、出雲と私のようにそれぞれの強みを生かせる人物が集まることが重要だと改めて感じる。

大学3年生となり、サークルを卒業した後も出雲との関係は続いた。農業構造経済学を専攻していた彼は大学卒業後、東京三菱銀行（現三菱UFJ銀行）に就職したが、銀行が用意してくれた独身寮にはあまり帰らず、私のアパートでいつも寝泊まりしていた。

そのときの話題はやはりユーグレナのことである。発展途上国の栄養問題を強く意識していた出雲との議論は「とても面白そうなテーマだけど、まだ具体性はない。どうしたらいいだろうか」といった問題提起から始まったが、研究を続けてユーグレナの大量培養が現実味を帯びてからは、どうしたらそれを社会で実装できるのかという具体的な議論に発展していった。

ユーグレナを社会実装したい

私が初めてユーグレナに出合ったのは2003年、大学3年生で農学部の生物システム工学専修に進み、研究テーマを選ぶ段階に入ったときのことだった。

配属されたのは生物環境情報工学研究室。画像情報を中心に、コンピューターを使った最先端のインフォマティクス（情報学）を用いて生物学、環境学全般を扱う研究室である。個人的には研究室の名前に「情報」という言葉が入っていることから新しい領域を切り開く分野なのだろうという期待があり、生物、環境、情報、工学とさまざまな研究領域を扱うことができそうなことが魅力だった。

当初、指導教授が私に割り当てようとしていた研究テーマは「イメージングライダー（Imaging LiDAR）」と呼ばれる最先端技術。レーザーを照射し、その反射光を計測することで対象物の状況を把握するリモートセンシング技術のことだ。

その教授からの提案に対し、研究室に入ったばかりの丁稚にすぎないにもかかわらず、私はできうる限りの丁重さでそれを拒絶した。そして厚かましくも、教授や先輩方に研究室で取り組めるテーマを一通り説明していただいた。企業で例えれば、新入社員が、社長から直々に与えられたプロジェクトを断って、「この会社にはほかにどんなプロジェクトがあるのか教えてください」と言っているようなものである。

大学の研究室も予算ありきで動いている。教授が主力テーマに学生をアサインして協働体制をとるのは自然なことだ。少なくとも私の同期は皆、教授から与えられたテーマを選んでいた。しかし、そのときの私は、教授の提案を信用しきって自分の研究とすることに大きな違和感を覚えた。これから研究者としての道を進むことを確信していたため、今後の自分の研究ポジションを大きく左右する重要事項は自己責任で決めたいと思ったのだ。

イメージングライダーに興味がなかったかというと、そういうわけではない。農業にその技術を応用することで生産量増加の一助にはなる。しかし、計測技術は「計測」である以上、副次的な扱いにとどまる宿命にある。主体は生産者であり、計測技術はそのサポートをすることしかできない。その点、私は「どうせやるならゼロイチ（何もない状態から最初の1をつくる行為）のほうが絶対に面白いだろう」と思っていた。

一つの研究室でも掘り起こせば研究シーズはたくさんあった。予算上の課題や技術的な課題など、シーズのまま眠っている理由はさまざまだ。それを一つ一つ説明してもらううち偶然に出合ったのが、鮮やかな緑色の液体が入ったフラスコ。それがユーグレナだった。

話を聞くと指導担当の大政教授は、日本のユーグレナ研究の第一人者である東大名誉教授の近藤先生の数少ない弟子。1990年代は予算も付き、それなりの規模で研究を進めていたらしい。しかし、技術的課題に直面し、当時は予算も外され、規模を縮小しているとのことだった。いわば「オワコン（終わったコンテンツ）」だったのである。

当時の研究室では1人の先輩がユーグレナを扱っていた。しかし、彼にはメインの研究テーマがほかにあり、あまり時間を割くことができなかった。そうかといってユーグレナを放置すると死んでしまうため、数カ月に1回、「継代培養（容器内で増殖した細胞を新しい容器に移し替えて、培養を継続すること）」と呼ばれる、いわば植え替えを行うメンテナンスをしているだけの状態だった。私は研究室の片隅で「ただ生かされているだけ」のユーグレナに猛烈に興味が湧いた。

詳しく話を聞くと、ユーグレナは海外の多くの国で研究が進められてきたが、食品としてのユーグレナの研究は日本が中心だった。きっかけは1970年代のオイルショック。資源が限られる日本で、効率の良いタンパク質の生産方法としてユーグレナを培養することが検討され、栄養価の研究が進んだ。実際に食用として先に普及したのは同じ藻類でも生産しやすいクロレラだったが、タンパク源としての価値（アミノ酸スコア）ではユーグレナが優位であることは当時の研究から分かっていた。

そして1990年代からは、食料にすることに加え、地球温暖化の原因物質の一つである二酸化炭素を吸収する手段としてユーグレナを利用する研究が始まった。通商産業省（当時）の工業技術院が中心になった「ニューサンシャイン計画」の一環だった。計画のきっかけとなったのが、近藤先生が89年に発表した伝説の論文「地球環境を閉鎖・循環型生態系として配慮した食料生産システム　ユーグレナの食料資源化に関する研究」だ。当時はまだ地球温暖化についての議論が盛んになる前の時代だったが、その論文の中で近藤先生は、食料問題と地球温暖化という2大社会問題の解決策としてユーグレナの社会利用を提言されていた。

ユーグレナは他の生物が生きられない二酸化炭素が濃い環境でも生きていくことができる。しかも光合成によって二酸化炭素を酸素に変えられる。ユーグレナには大きな可能性があるというのである。さらに具体例として、火力発電所などの大規模施設から二酸化炭素を排出するパイプをユーグレナの培養装置に直接つなぐと、ユーグレナが光合成をして二酸化炭素がその体内に固定される。そして、そこで育ったユーグレナを食料として活用し、輸入に依存する日本の食料問題を解決する、という提案をされていた。

「こんな面白いテーマがあるとは！」と素直に感じた。同時に「この理論には穴がない」とも思った。近藤先生の論文は何度も読み返したが、読めば読むほどこの研究の後継者になりたいという思いが強まった。

もちろん実際に取り組んでみないと見えてこない多くの課題があるだろう。しかし、課題に直面したらその都度解決策を模索すればよいのであり、「なにやら難しそうだからやらない」という発想は私にはなかった。

「切り口はどんなものでもいいので、とにかくユーグレナを卒業論文の研究テーマにさせてください！」と教授に頼み込み、異例の逆提案で私の研究テーマが決まった。バングラデシュの栄養問題を解決したいと常々言っていた出雲に、ユーグレナの存在とニューサンシャイン計画について話したのはこの頃だ。

ユーグレナを選んだ理由はいくつもある

私がユーグレナを研究テーマに選んだ理由は、社会問題を解決できそうなこと以外にも複数あった。

1つは実験のしやすさである。同じ生物でも植物を扱うとなると、種をまき、成長を待つまでに少なくとも3カ月はかかる。これが木になると、軽く2、3年の研究サイクルになる。研究というものは基本的に「筋のいい仮説」を立て、その後は「実験」「検証」「修正」というサイクルを回しながら仮説の精度を上げていくものだと思っている。最初の仮説を立てるためにあらゆる論文を読み込み、理論武装しておくことが極めて重要な作業であることは間違いないが、サイクルを高速で回すことができれば初期の仮説のずれなどすぐに修正できる。

そんなイメージが強かったので、私は3カ月単位の実験をすることさえ冗長すぎると感じていた。ところがユーグレナなら1、2週間単位で実験を繰り返せる。昼夜を気にすることもない。さらに微生物なのでマイクロプレートやフラスコさえあれば実験ができてしまう省スペース性も魅力だった。省スペースにできれば同時に複数の仮説検証が進められるからである。自分のイメージするスピード感で研究ができそうだと直感した。

もう1つ興味を引いたのはユーグレナの増殖スピードだ。ユーグレナは環境を整えれば細胞分裂を起こしてたった1日で2倍に増える。ユーグレナが再生可能な資源として注目されるゆえんである。

微生物が指数関数的に増えることを改めて意識した。この瞬間、何か具体的なイメージが湧いたわけでも、自ら起業することを考えたわけでもないが、「これだけ増えるならユーグレナは産業に利用できるはずだ」という確信めいたものを感じ取った。

研究テーマが「産業として成り立ちそうか」という観点は、投資家や実業家であれば誰もが当然考えることだが、実は研究者にとっても極めて重要な観点になる。なぜなら産業としての可能性がある研究は国や大学、企業から資金的な支援を受けやすくなり、研究の持続可能性が高まるからだ。研究テーマの内容にこだわることはもちろん重要だが、「産業として成り立つかどうか」は研究者ライフを順風満帆で送るために忘れてはならない視点だと思う。

完膚なきまでに否定された研究室での発表

そうした視点から、ユーグレナに出合って以降は研究に必要な知識や技術を学びつつ、頭の中では研究を産業としてどう成り立たせるか、つまり社会実装するかを常に考えていた。その象徴的な産物が、4年生の初めに研究室メンバーの前で卒論テーマを発表したスライドだ。

この1年の研究テーマを発表するだけの場なのだが、パワーポイントのスライド作成には軽く1カ月以上かけた。関連の研究論文だけではなく、経営戦略に関するビジネス書まで読みあさり、スライド作成には凝りまくった。当時はまだユーグレナで起業しようという話は出ていなかったが、ほぼ毎日顔を合わせていた出雲からもアドバイスをいろいろ受けながら、資料としての完成度を高めていった。

スライドの内容としては、次のようなことを説明した。

- ユーグレナが社会実装されることは非常に公益性が高い。
- しかし、ユーグレナの研究は下火であり、国や企業、マスコミを動かしづらい。
- 彼らを動かすためにはＰｏＣ（Proof of Concept、概念実証）が必要である。
- そのため、ユーグレナを一定量培養することを中長期のテーマとしたい。
- 一連の研究は研究室全体の中長期的な発展にもつながる。

ユーグレナで世界を救うためには、まずはユーグレナの研究自体をアップデートして、人とお金が集まる仕組みを整備しないといけないと思ったのだ。

例えば、電力会社が温室効果ガス削減のために払っている費用の一部をユーグレナの培養に使うと、二酸化炭素削減に役立つだけではなく、その過程で育ったユーグレナの食料利用ができ、日本の食料自給率アップにつながる。

これを一企業がやろうとすると難しいかもしれないが、公共性が政府に認められ、さまざまな支援をうまく組み合わせることができれば最適解が見えてくる可能性がある。そういった仮説を持って私はユーグレナの研究に取り組みたいし、できれば皆さんの協力が欲しいと研究室のメンバーに訴えた。

私の発表は異端だった。本来であればテーマの学術的なディテールを精査するはずの場で、ひたすらビジョンを語ったからだ。このときの発表をプレゼンの天才である出雲が行っていたら反応は多少変わっていたかもしれない。しかし、結論から言えば私の発表は完膚なきまでに否定された。

「ここは君の夢を語る場ではない」

「ここで各自の主観をぶつけ合ったところで何の意味があるのか」

「政府やマスコミを動かすといったことを語るのは、科学者の仕事ではない」

研究室のメンバーから次々と厳しい言葉が飛び出した。要は「研究室に入って1年の一学生の分際で大それたことを語るな」ということである。ただ、指導担当の大政教授には「読み物としては面白いから、民間企業の懸賞論文などに応募してみてはどうか」と声をかけられた。

発表が終わった後で私のところに歩み寄って、「鈴木君のようにビジョンを最初に立ててから研究する姿勢って重要かもしれないね」とささやいてくれた先輩もいるにはいた。しかし、あくまでも「個別に」だ。あの場で公然と私の肩を持ってくれた人はいなかった。

理解されないもどかしさはあったが、悔しさのあまり枕を濡らしたわけではない。なぜなら私は、その発表の場自体を、「ビジョンでアカデミズムが動くのか」を試す概念実証の場と考えて臨んでいたからだ。ここでも、「仮説」「実験」「検証」「修正」のサイクルを回してみたのだ。

このときのプレゼンでそれが通用しないことが分かったので、次回の研究室の発表ではまじめな学生の仮面を被り、一般的な卒業論文のフォーマットに合わせて資料を作り直し、生化学的なディスカッションに十分耐える内容の発表をした。

実は、私がこのときビジョンを語るために作った発表資料はその後、ユーグレナ社の事業計画の骨子そのものになった。大学院に進んで会社設立の話が具体化する中で、投資家へのプレゼン資料として、このときの資料が使えることを思い出したのだ。もともと人を巻き込み、動かすことを念頭に置いて作った資料だけあって、何人かの投資家の賛同を得ることができた。

自分がどうしても取り組みたいテーマがあり、その重要性が世間であまり認知されていないなら、まずはそのテーマを自らマーケティングして賛同者を増やす努力をすべきである。「すごい技術だからみんな飛びつくだろう」というのは、科学者やエンジニアが陥りやすい典型的な勘違いだ。私は今でこそユーグレナ研究の第一線に仲間入りをしているが、そうなるまでには、出雲と一緒に誰よりもユーグレナを世間に売り込んできたという自負がある。

予備実験を着々と進める

学部生時代に選んだ卒論のテーマは「ユーグレナの培養液の中に農薬を入れたとき、照射した光に対して、出てくる光がどう変わるか」というテーマだった。研究室に入るとき、一度は拒絶したイメージンググライダーを結局扱うことになったのだ。例えば、ＤＣＭＵと呼ばれる農薬に含まれる物質は、植物の電子伝達系の反応を阻害する化合物で、培養液に入れると光合成がうまくいかなくなる。すると、光合成に光のエネルギーが使われず、ユーグレナに光を当てたときの反射光の波長が短くなる。波長を分析することで、どれくらい光合成がうまくいっているか、さらには農薬がどれくらい培養液に混じっているかまで調べられないか。それが研究テーマだった。

このテーマ自体の学術的価値が低く、つまらない研究だったというわけではない。ただし、私の頭にはユーグレナを社会実装するための大量培養のことしかなかったので、自分にとっては大木の小さな枝1本を研究しているような感覚でいた。実際、大学4年生のときに卒論にかけた時間と労力は、結果として1割くらいのものだった。

残りの9割はユーグレナの大量培養に向けたさまざまな予備実験に充てた。

1つは「当てる光の色とユーグレナの生産効率の関係」。せっかく光学系の分析機器がそろった研究室だったので、それを活用してユーグレナによりよい生育条件を突き止めたいという思いがあった（結果的に顕著な法則性は見つからなかったが、私にとってはそれも大量培養の条件を整理するための学びになった）。

もう1つ力を入れたのが、コンタミネーション（混入）のない環境をつくることだ。社会実装に見合う大量培養まではすぐにたどり着けないとしても、ユーグレナの研究を今後も続けるために、ユーグレナを効率的に増やしたいと常に考えていた。それを検証するには、薬品や他の微生物が混入していないクリーンな環境が求められる。不純物が混じった実験環境では、何が原因でユーグレナが増えなかったのか、その要因となる要素が見いだしにくくなるからだ。

それに小規模でも培養装置ができれば、国や企業に提案する資料に、ユーグレナでいっぱいだと一目で分かる真緑に染まった器具の写真が掲載できる。商品のプレゼンでプロトタイプがあれば、相手の反応がぐっとよくなるように、小規模でも培養装置の実物があるのとないのとでは聞き手の印象がまったく異なる。だからこそ、できるだけ早い段階で簡易的なユーグレナの培養装置をつくることは必須であると見ていた。日夜いろいろな論文を読み、研究を続けた。

このとき行ったコンタミネーションの研究は、後に雨や土など不純物が混じりやすい屋外プールでユーグレナの大量培養を目指すときに生きることになった。

中野先生との出会い

今、ユーグレナについての講演に行くと、「誰も成し得なかった大量培養を短期間で実現できた秘訣は何ですか?」とよく聞かれる。私がしたことは確かに「過去に誰も成功しなかったこと」ではあったが、「誰も試みていないこと」ではない。ここは重要なポイントだ。

成功要因として一つ確実に言えることは、研究者としての立ち位置に恵まれたことだ。それは意識的に選んだことではあるが、幸いにも私は、日本各地の先輩研究者たちが蓄積してきたユーグレナに関する知見を集約できるポジションに早い段階で就くことができた。

大きな流れで言うと、ユーグレナの社会実装をまず社会に広く提言したのは、前述した通り東京大学の近藤先生だ。その近藤先生のユーグレナ関連の研究における愛弟子は2人おり、1人は東大で私の指導担当だった大政教授で、もう1人が大阪府立大学で栄養学を研究されていた中野長久先生(現・名誉教授)だった。

私がユーグレナに出合った当時、日本では中野先生が中心になってユーグレナの大量培養を試みていた。中野先生は、会員が約100人いる「ユーグレナ研究会」の会長も務められていた。ユーグレナを研究の中心に置いていた時期も長く、さまざまなサンプルと過去の膨大な実験データをお持ちだった。私は他大学の学生にもかかわらず中野先生に弟子入りし、結果的に先生の研究を、実験機材を含めすべて引き継ぐことができた。私が何か特別なことをしたのではない。わざわざユーグレナの大量生産を研究しようという若手研究者が他にいなかったのだ。

中野先生と接点ができたのは学部生のときだ。当時は手紙を出してユーグレナのサンプルを分けていただく関係にとどまっていたが、大学院の修士課程に進みユーグレナの研究を本格化させてからはたびたび夜行バスで大阪に出向き、さまざまな相談に乗っていただいた。起業の準備を始めてからは出雲も同行するようになり、彼が大学1年生のときにバングラデシュで見た現地の栄養事情を中野先生に対して熱っぽく語ってくれたことも、研究を丸ごと引き継げた大きな一因であると考えている。

私は中野先生のことを研究者としてだけではなく、人間としても尊敬している。特に感動したのは、初めて先生にお会いしたときのこと。ユーグレナの研究を始めて間もない20代前半の若者にすぎない私に対し、1人の研究者として接していただいた。大学の教授の多くは学生を

「君づけ」したり、呼び捨てにしたりする。中野先生はどんなときでも対等な位置から、丁寧な口調で私に話しかけてくれた。

それ以来、もし私がいつか、大学で教壇に立つ、もしくは経営者になることがあったら、学生や社員たちを常にリスペクトし、対等な立場で接しようと心に決めた。ちなみに、ユーグレナ社では従業員のことを「社員」とは呼ばず、「仲間」と呼んでいる。

失敗体験をかき集め、起業を決意

おそらく、中野先生がユーグレナ研究会のメンバーに「東大の若い研究者が今度顔を出すからよろしく頼むよ」と声をかけておいてくれたのだろう。全国の先輩研究者を訪ねたときも、皆から丁寧なアドバイスをもらうことができた。ユーグレナ研究会に所属している先生では、100人近いメンバーのほぼ全員に会っている。学生の頃はお金がなかったので、夜行バスでの全国行脚だったが、長時間同じ姿勢でバスに乗り続けて腰痛で悩んだことに十分見合うユーグレナ培養の貴重な話を聞くことができた。

なぜ貴重かというと、アカデミックの世界では共有されない失敗談を知ることができたからだ。学術論文は自分が立てた仮説の裏づけとなるデータが取れたときに書かれるもので、「こう思っていたけど、違いました」では論文として認められない。ユーグレナの大量培養に関する試みは、基本的にそれまですべて失敗に終わっていたので、多くの研究者の失敗経験が日の目を見ることがなく、他の研究者に引き継がれなかったのだ。私が話を聞かせてくださいと切り出すと、「いやいや、（失敗ばかりで）大した話はできませんよ」と、積極的に話したがらない人も少なくなかった。

しかし、私は美しい研究成果を得ることではなく、ユーグレナの社会実装こそ目指すべき道と考えていた。そのために聞きたかったのはむしろ失敗談だった。中野先生以外でも、自らの実験を効率的に進めるためにユーグレナが大量に必要と考え、大量培養に一度はトライしたという研究者はたくさんいた。例えば、ある研究者はネズミにユーグレナを食べさせたときの効果を研究しようとしたが、ユーグレナの大量調達が難しい。そこで自ら培養をしてみたものの、「ほかの生き物に食べられてしまった」「器具にカビが生えて、全滅してしまった」などの理由で失敗していた。そして、多くの研究者は、ユーグレナを使わない研究テーマに切り換えたり、自力での培養を諦めて外部から調達したりしていた。

ユーグレナの大量培養自体を研究のゴールとしていない研究者にとって、こうした失敗談は些細なことである。改めて聞かれない限り、わざわざ人に話すようなことでもない。しかし、そうした失敗談も100人分くらい集め、その知見を細かい要素に分けて整理して抽象化を進めると、大量培養のために乗り越えなくてはならない課題が抽出できる。「こんな条件がそろっているときは、ユーグレナが育たない」という共通項が見えてきたら、私はその条件を避けてユーグレナの大量培養を目指せばいいのである。

経営コンサルタントが会社を立て直すときは、各部署でどこに問題があるかのヒアリングをひたすら繰り返すと、精度の高い再生プランを提案できる。同じように、ユーグレナの培養に成功する道も過去の失敗を知ることから開けていった。

全国の研究者たちと情報交換やディスカッションを繰り返して、大量培養を実現したと講演会などで話すと、「アイデアが盗まれる心配はなかったのか？」と質問されることがたまにある。しかし、そのようなことはまったく心配しなかった。当時の私は出雲が進めていたユーグレナ社の起業を技術面で支える立場にあったが、あくまでも私が目指していたのはユーグレナの社会実装をすることであり、それを達成できるなら誰が大量培養を達成しても構わないと思っていたからだ。

私は学部生時代と修士課程の両方で、社会見学のつもりで就職活動をしたことがある。もし当時の大手食品メーカーや電力会社などがユーグレナの将来性や社会的価値に着目していて、面接で「君にユーグレナの研究開発を任せるよ」と言ってくれたら、今頃はその会社に就職していたかもしれない。

しかし、実際にはそういうことは起きなかった。そもそもユーグレナの大量培養に改めて挑戦しようという若手研究者が誰もいない時代に、ユーグレナで新規事業を起こそうとする冒険心のある企業はなかった。だから、アイデアを盗まれる心配なんて、少しも湧いてこなかった。むしろ、こうした経験を通して、自分の中に1つの考えが育っていた。

「誰もやらないなら、自分たちでやろう」

そう決意したのは修士課程の2年目だった。修士論文に着手しなければならない時期だったが、起業と研究開発の時間をつくるためにわざと留年した。「その1年で大量生産に成功しなかったら起業は諦め、大学で研究者を続けよう」と心に決め、出雲と一緒に、ユーグレナ社を創業してユーグレナの社会実装を目指す実働部隊をつくるために動き出したのである。

ユーグレナ社設立の立役者たち

ユーグレナ社の創業メンバーは、出雲と私以外にもう1人いる。現在、ユーグレナ社のヘルスケアカンパニーで営業を統括している執行役員の福本拓元である。彼はもともとクロレラを生産・販売する会社の御曹司で、本人も家族も当然家業を継ぐと思っていた。クロレラは健康食品として既に実績があったからだ。

そこで出雲が、何としても入社してもらおうと、福本の名前を入れた創業企画書を印刷して「名前入れちゃいました」と説得した。ユーグレナを市場に認知させるための切り込み隊長として参画してもらったのだ。後に、福本の母が経営するクロレラ会社からユーグレナに出資をしてもらうことにもなった。

出雲が初めて福本に出会ったのは2004年の夏だ。中国で開催されていた若手経済人のイベントに2人そろって参加していたことが縁である。当初、出雲は福本に対してライバル心むき出しだった。「ユーグレナが普及したら、クロレラはさぞかし大変なことになりますね」と語りかけた（このあたりの経緯は、出雲の著書『僕はミドリムシで世界を救うことに決めました。』に詳しい)。

しかし、将来はライバルになるかもしれないが、同じ微細藻類を大量培養し、一足先に社会実装することに成功した同じ業界の先輩である。私は先達にアドバイスをもらおうと出雲を説得して東京で再会する機会をつくり、私も同席した。私が福本と出会ったのはこのときだ。

クロレラを販売する会社の実状を聞くのは初めてだった。ユーグレナを社会に広めることについて「クロレラがいけるならユーグレナもいけるだろう」という仮説を私たちは持っていたが、あくまで願望でしかなかった。会食の席で私たちがユーグレナの話を切り出すと、福本は「ものすごい可能性を持った素材ですね。絶対に市場に受け入れられると思います」と熱く語り、高く評価してくれた。当時の福本は社外の人間であり、お世辞がどれだけ含まれていたかは分からないが、このときの福本の言葉が私と出雲に大きな自信と勇気を与えてくれたことは間違いない。

さらに、私たちはユーグレナを屋外で大量培養する実験環境をつくる場所を探していることを打ち明けた。当時はユーグレナに興味を示す企業などほぼなく、なかなか大量培養の設備を見つけられずにいた。

すると福本が「それでしたらいいところを知っています」と、笑顔で即答してくれた。

それが、クロレラの培養では豊富な実績がある沖縄・石垣島の会社、八重山殖産だった。福本を介して志喜屋社長（現会長）を会食に招いて、出雲と福本と私の3人でユーグレナの潜在的な魅力をひたすら語り続けた。その甲斐あって志喜屋社長に無事賛同いただくことができたのは、本書の冒頭に触れた通りだ。

福本や志喜屋社長との幸運な出会いが続き、いよいよ、社会実装を目指す会社を立ち上げ、本格的に始動するタイミングだと出雲は判断した。出資の意向を聞いていた投資家と急ピッチで話をまとめ、会社の登記をし、2005年8月に私たちはユーグレナを設立した。

こうして半ば勢いでメンバーが集まったような創業チームではあったが、当時の私としては必然に近いと感じた。ビジョンを語り、支援者とお金を集めることには天才的な出雲。健康食品業界の経験者で、営業力が抜群に高い福本。そして、ユーグレナの研究を続けてきた研究者の私。同世代のチームで、互いの強みを生かしながら同じ方向を目指せるという意味で、この3人で起業することは至極合理的だったからだ。

なお八重山殖産はユーグレナ社の上場後にグループ会社化し、18年には新しい研究棟の建設と併せて施設を刷新した。現在も、ユーグレナの大半はこの施設で生産し、「石垣島ユーグレナ」としてブランド化している。

COLUMN

子供に身につけさせるべきは論理的思考力

私の学生時代から起業までを振り返ったついでに、私なりの子育て論をお話しさせていただく。サイエンスの世界で成果を上げるには論理的な思考力が必要で、子供の頃からその素地をつくることも大事だと思うからだ。

私には小学1年生の息子がいる。研究に専念しながら子供に割ける時間は限られる。しかし、限られた時間だからこそ、私の責務は人生の先輩として学んできたことを子供にしっかり継承し、子供が1人で強く生きていけるための下地づくりをすることだと信じている。

我が家で意識しているのは次の3つ。

- 健康な身体（牛乳とユーグレナを飲みましょう）。
- コミュニケーション力（大きな声で目を見て話しましょう）。

・論理的思考力（理由を説明しましょう）。

である。子供にあれこれ言っても覚えてくれないので、あえて3つに絞っている。中でも圧倒的に重視しているのが論理的思考力を持つことだ。物事の因果に意識を向けて思考を整理する訓練は、息子が3歳くらいのときから続けている。MBA（経営学修士）ではロジカルシンキングを教えるそうだが、ロジカルに考える思考習慣に特別な授業など要らない。「ロジカルに考えられる（私のような）大人」との日頃のコミュニケーションで鍛えることができる。

例えば先日、息子が「お台場に遊びに行きたい」と言ってきた。そこで「なぜお台場がいいのか、その理由を説明してくれるかな」と尋ねた。彼なりに考え、「海が見えるから」「お買い物ができるから」「大きなガンダムがあるから」と理由を3つ挙げた後で、4つ目に「楽しいから」と答えた。

私はこう説明した。「楽しいからという答えは、パパの質問に近い話だよね。パパは『なぜお台場が楽しいか』と聞いているようなものだから。だからその答えは削っていいかもしれない。もし入れるとしたら『楽しいから。なぜなら海が見えて、お買い物ができて、ガンダムがあるから』と、最初の3つの理由の上位に、新しい枝として加えるといいよ」とロジックツリーを考えながら話した。

「子供相手に、どうしてそんな小難しい言いがかりをつけるんだ！」と驚かれる方もいるだろうが、こういったことをときに紙に書きながら説明し続けていると、ロジックツリーの肝である「階層構造」が分かってくるようになる。当たり前だが、我が家では理由を説明することなく、お目当てのおもちゃの前で泣きわめくような体を張った戦法は尊重しない。

自分の思いや願望をロジカルに説明できる能力を鍛えておくと、自分の心すら整理して理解できるようになり、それがメタ認知能力（通常の認知を超えた、もう一段客観的な認知能力）の習得や自己変容のきっかけにもなると思う。もちろん課題解決力全般が底上げされるし、何か目標を達成するために周囲を動かしたいときも論理的に伝えられることはアドバンテージとなる。ロジックだけで稟議が通るわけではないが、感情だけで通るわけではもっとないからだ。

子どもが普段遊ぶおもちゃも論理的思考力が鍛えられるものへと、さりげなく誘導している。具体的にはパズルの「数独」、ルービックキューブ、将棋、囲碁、オセロ、ボードゲーム全般。特にお薦めは数独だ。「最終的な答えは必ず一意に決まり、（特定の列にはある数字は入らないといった）前提となるルールが存在するテーマを自分の知恵だけで解決していく」という行為には、サイエンスのアプローチと非常に近いものを感じる。

また、対戦相手の打ち手が見えるオセロゲームや将棋など情報開示型のゲームでは、どれだけ頭を使ったかで勝負が決まることを体験してもらうため、私は子供との勝負で一切手加減をしない。「わざと負ける」ことはゲームそのものへの冒瀆《ぼうとく》であると思っている。トランプの神経衰弱をするときも相手に情報をできるだけ与えないために、私は可能であれば後攻を選ぶ。自分の番で1枚目に新たなカードをめくった場合、必ず2枚目は既知のカードをめくり、相手の番でペアが成立する確率を下げるようにする。子供が「つまらない」と言い出したら「勝ったら面白いよ」と言い返している。

そんな息子だが、最近は私のまねをしてたまに顕微鏡を覗くようになった。息子が将来、どんなことに関心を持ち、どんなキャリアを歩むにしろ応援していくが、家の本棚で彼がこの本を見つけて「サイエンスの力で社会を良くしたい」と思ってくれたら、これほどうれしいことはないだろう。

第5章

未来をつくる技術

私は自然科学の信奉者であり、科学の力で世界を変えることが私のライフワークと自負している。これからもジャンルを問わずさまざまな社会課題にユーグレナを使って挑戦し、幅広いイノベーションを起こしていきたい。その例として、この章では現在進行中の比較的新しいプロジェクトの現状をいくつか紹介したい。

パラミロンの可能性

当社が今、注目しているユーグレナの有用成分として、ユーグレナに特有の「パラミロン」がある。パラミロンは食物繊維の一種であり、ユーグレナにとっては貯蔵多糖としての働きがある。植物のデンプン、動物のグリコーゲンに相当する役割で、文字通り、エネルギーを細胞内に「貯蔵」し、必要なときにはそれを取り出せる構造を持つ。ユーグレナの乾燥重量の30～50%はパラミロンが占めている。

このパラミロン自体をバイオマスの5Fのどこかで有効活用できるはずだという仮説は当初から持っていた。そこで、経済産業省がものづくり基盤技術の向上につながる研究開発を支援する「戦略的基盤技術高度化支援事業（サポーティングインダストリー制度、サポイン制度として知られる）」を利用してパラミロン素材の開発に着手したところ、「健康食品」「繊維」そして「医療品」としての価値が高そうだということが分かってきた。

応用① アトピー性皮膚炎の症状を抑制

パラミロンはβ-1,3-グルカンと呼ばれるグルコースが連鎖した構造になっている。

パラミロンに抗アレルギー作用や抗腫瘍効果、肝臓の炎症を抑える肝保護効果といった機能がありそうだということは1970年代から言われてきた。

ではなぜその研究が進展していないかというと、これまでは、たった1回の動物実験に使うだけのパラミロンすら用意することが困難だったからである。ネズミに餌として食べさせると簡単に言っても、研究室単位でユーグレナを大量に育ててパラミロンを100g抽出することは現実的ではなかった。そのため、従来の研究では小さな細胞を用いた試験管レベルの実験にとどまることが多かったのだ。

その点、私たちはユーグレナを文字通り「売るほど持っている」。ここで、第3章で述べた比較優位の原則が生きてくる。私たちのユーグレナは大航海時代に貴金属と同様の高値で取引された黒コショウのようなもので、素材となるユーグレナを提供すると言えば、先方が喜んで共同研究を引き受けてくれることが多い。

実験は薬剤を背中に塗布してアトピー性皮膚炎の症状を起こさせたマウスを使って行った。パラミロンを与えたマウスと与えないマウスを比較すると、パラミロンを摂取していたマウスでは背中に生じた皮膚炎の症状が、パラミロンを多く摂取すればするほど抑制されることが分かった。

応用② パラミロン複合体シート

バイオマスの5Fのピラミッドで、上から2つ目に位置付けられる用途が繊維である。樹木であれば紙やレーヨンに相当する。今までは明確な形で「ユーグレナを使った繊維」を開発してはこなかったが、化成品メーカーとの共同研究の末、それがついに実現しそうである。

世の中には石油由来の合成樹脂である、ポリプロピレンを使った容器などの商品があふれている。その一部をパラミロン素材に置き換えると石油の使用を少なくでき、環境負荷を減らせるのではないかと考えたのが取り組みのきっかけだ。合成樹脂の石油使用量を減らす「混ぜ物」としては従来、植物の細胞壁を形作る食物繊維のセルロースがあった。しかし、セルロースはポリプロピレンに均等に混ざりにくかったり、混ぜると合成樹脂が白く濁ったり、樹脂が金型に均等に流れずに成形すると穴が開いたりするといった欠点があった。その点、パラミロンはポリプロピレンに混じりやすくする相溶化剤と一緒に20％ほど用いると、均質に混じり合う。これにより、セルロースで生じたような樹脂の白濁といった欠点が生じない。しかも、樹脂の曲げ強度が10％前後上昇することが分かった。ちなみに、私はこの研究論文で農学博士の学位を取っている。

ポリプロピレンは市場で1キログラムあたり200円前後で取引されている。本格的に参入するとなるとバイオ燃料のときと同じように、いかにパラミロンを安く、安定的に、大量生産するかという課題が出てくる。ただ、現状でも石油由来の材料を減らす以外に、曲げ強度など物性面で優れた性質があるため「使い方次第で500円以上の価値があるので早く製品化してほしい」という声もいくつかの企業から寄せられている。産業用燃料の市場規模には及ばないかもしれないが、今後参入しやすい領域と見ている。

最近では、パラミロンの割合を50％に高めた素材の開発も進めている。

応用③ ワクチンの補助剤としての活用

ユーグレナとパラミロンはワクチンの補助剤（アジュバント）として使える可能性も秘めて

いる。パラミロンは免疫応答に関係する可能性があるため、ワクチンの効果を高めることができるのではないかという仮説から、この研究が始まった。

東京大学と合同でマウスによる検証を行った結果、ユーグレナやパラミロンは、免疫細胞の一種であるマクロファージを活性化する性質があると分かった。また、インフルエンザHAワクチンを用いた実験では、接種するワクチンを10分の1程度に減らしても、通常のワクチン量と同等の抗体生産が見られた。

以上のことから、ユーグレナやパラミロンはワクチン自体の効果を高め、希少なワクチンをより多くの人に提供することなどに寄与できる可能性が見えてきている。

宇宙空間でのユーグレナ活用

ユーグレナ社は宇宙開発にも参入している。当社が目指すのは人類が地球外に脱出したりせずに地球が持続可能であることなのだが、人類の宇宙への大移動は遅かれ早かれ確実に起きる。

2100年には、ユーグレナを使ったバイオ燃料で宇宙船が飛んでいるかもしれない。

宇宙開発で人類が乗り越えるべき最大の課題が、閉鎖空間におけるサステナビリティ。具体的に言えば、宇宙船内での物質循環をどう実現するかである。その解決策としてユーグレナが役立つ可能性は十分にある。

第1に、宇宙空間で生産できる食料として。第2に、人間が吐き出した二酸化炭素を吸収し酸素を排出するガス交換の手段として。第3に、宇宙船内での排水を再利用する手段として、である。

閉鎖空間でのユーグレナの活用については中野先生が研究されていたことであり、会社設立前から意識してきた。ユーグレナ社設立後の研究テーマも、地球全体を1つの閉鎖系として捉えたときに物質の循環にいかに寄与できるかを常に意識してきたが、地球は非常に大きいサンプルなので効果を検証しづらい。その点、ISS（国際宇宙ステーション）のような有人施設は適当なサイズで効果が一目瞭然に分かる。そこで開発した技術を地上に「逆輸入」することもできると期待している。

現在進めている、宇宙船内での活用に向けた研究例をいくつか挙げておこう。

培養装置

無重力空間でも機能する培養装置の開発を進めている。地上では培養装置の下方から空気を送り込むと、空気が培養液の中を浮上し、気体と液体が分離する。宇宙のような無重力空間ではこうした分離が起こりにくくなる。気体と液体がきれいに分離できないと、培養液からユーグレナだけを抽出することが面倒になってしまう。そこで、表面張力を使って液体中のユーグレナだけを集めてみたり、培養装置を遠心機にかけて遠心力を重力の代わりにしたりといった試みを着々と進めているところである。

排水利用

排水利用の研究も進めている。宇宙における水の循環技術は既にあるが、水から取り出した窒素や炭素は大気圏で捨てて燃やしている。私たちが目指しているのは物質の完全な循環だ。具体的には、下水処理場から排出されるリンやアンモニアに含まれる窒素を効率的にユーグレナに吸収させて排水を浄化しつつ、同時にユーグレナの生産工場にするという試みをしている。これは国土交通省から予算がついた。

省スペース化

培養技術にしても排水利用にしても、宇宙空間での活用を考えると「省スペース」であることが求められる。そのための実験も進めている。例えば、耐久性のある点滴用バッグでユーグレナを培養できるか検証してみた。実験はうまくいき、ガラス容器での培養と変わらない増殖が確認できた。地上でユーグレナを増やすことだけを考えていると、この実験をするインセンティブはまったくない。しかし、ガラスのような重くてかさ張る素材を宇宙空間で使うことは、省スペースにも省エネルギーにもならないため、この実験には大きな意味がある。

味覚

調理方法に限りがある宇宙空間でユーグレナを主食とするなら、「味」も乗り越えておきたい課題である。地上食の市場を広げていくときの課題でもあるため、当社では今、食品としての機能性と味という両面での研究を加速させているところだ。

手始めとして、私自ら世界初のユーグレナ100%のハンバーグを作ってみた。ユーグレナは培養液を遠心分離して水分を除いた段階では、緑のだんご状になっている。それをそのまま小判型のハンバーグの形に整え、一切のつなぎや調理料を加えず焼いて食べたらどんな味がするのか。この点は、どうしても確認しておきたかったのである。

気になる味だが、魚の風味をベースに酸っぱさを少し足したような味と言えばよいだろうか。

栄養は豊富と分かっているので完食はしたが、お世辞にもおいしいとは言えなかった。「この実験にどんな意味があるんだ」という批判の声は社内でも上がった。しかし、ユーグレナの味を追求するならこの実験は避けて通れない。地上で食べてみんながおいしいという肉を使った普通のハンバーグの味が100点だとしたら、私がつくったユーグレナ100%のハンバーグは0点である。100点と0点を両方経験しておくと、今後、さまざまな調理方法を試していく中で相対評価が可能になる。

このように、宇宙でのユーグレナ活用について考え続けていると、「もともと宇宙に興味があったのですか?」と質問を受けることがよくある。おそらく自然科学の世界に進む人で、宇宙に興味を持たない人はいないのではないか。ご多分に漏れず、私も少年時代はロケットを見ては興奮し、夜空を見上げては「宇宙はどのようにできているのだろう」と好奇心をかき立てられていた。

そんな私が宇宙開発に熱を入れるようになった直接のきっかけは、2014年にユーグレナ社が他の2社と立ち上げたベンチャー投資ファンド「リアルテックファンド」のグロースマネジャー（投資育成担当者）をしている小正瑞季《こまさみずき》氏の影響が大きい。彼はＪＡＸＡ（宇宙航空研究開発機構）やコンサルタント会社のシグマクシス（東京・港）などと組んで宇宙食を開発するSpace Food Xという産学共創プロジェクトを19年に立ち上げ、その代表を務めている。小正氏は宇宙関連のビジネス発掘とスタートアップへの投資にとても熱心で、イベントなども積極的に主催している。

　小正氏と出会い、宇宙開発に向けた取り組みがいよいよ動き出したという実感を持ったと同時に、最先端の知見を持つ彼にいろいろ相談させてもらう中で、私にも「宇宙熱」が高まっていった。

　小正氏と真っ先に取り組んだのは、宇宙開発に携わるプレーヤーを増やし、裾野を広げるためのマーケティング活動だ。従来は「宇宙」という言葉に反応するのは根っからの「宇宙オタク」が中心で、優秀な研究チームを持つ大企業などがなかなか振り向いてくれなかった。

　そこでまずは「宇宙食」を突破口にして、食品業界を巻き込むことから始めた。「２０４０年には月への移住者が１０００人に達し、宇宙食は数千億円規模の市場になる可能性もある」などとした、２０５０年に向けた長期シナリオを19年8月に発表。20年4月には一般社団法人SPACE FOODSPHERE（東京・港）が設立され、小正氏が代表理事を務める形で、Space

Food Xの主要メンバーとともにさらに活動を深めている。

2050年とは、ずいぶん先の話だと思われるかもしれない。しかし、このようなシナリオが1つあるだけで、宇宙食に関心を持っている企業の担当者が社内稟議を通しやすくなる。将来価値から割り引いて今からどんなことに先行投資すべきか、そして開発のマイルストーンはどのあたりに設定すべきなのか、このシナリオが1つの指標となる。

ユーグレナ社も例外ではない。「2040年にこのような市場があり、このような技術が求められているのであれば、地上で活用でき、なおかつ宇宙でも応用できる技術については積極的に開発をしていこう」といったコンセンサスが、この1、2年で取りやすくなった。

「ディープテック」に投資

小正氏がグロースマネージャーを務めるリアルテックファンドの活動にも触れておこう。これは、ユーグレナ社の上場前後にファイナンス面で苦労・苦心をした現在の副社長である永田の悲願となる取り組みだ。このファンドには、大きな特徴が2つある。1つは、文字通り「リアルなテクノロジー」、いわゆる「ディープテック」と呼ばれる技術を開発する企業への投資に特化していることだ。ディープテックとは、インターネットサービスのような利用目的がはっきりした実用的なサービスではなく、今後の技術開発にインパクトを与えそうな要素技術のことをいう。

そして、ファンドの2つ目の特徴は、金融機関ではなく事業会社から出資を募っている点だ。私たちが伊藤忠と提携して浮上のチャンスをつかんだように、事業会社とつながることでコラボレーションのチャンスが増えるだろうという期待を持っている。

投資分野をディープテックに絞ったのは、基礎研究系・技術系のベンチャーは初期投資がかかるので一般的なベンチャーキャピタルから支援を受けづらいからだ。私たちのファンドでは経営者の人柄や抱いているビジョン、会社の技術力・研究力・課題解決力などを総合的に吟味しながら、会社を設立してから営業キャッシュフローで自力運転ができるようになるまでの期間が長そうな企業を中心に投資をしている。

現在では、国内企業への投資だけにとどまらず、グローバルファンドとして海外のディープテック企業への投資を始めている。私自身は研究面から投資判断を行ったり、技術的なサポートを行ったりするメンバーとしてこのファンドに参加している。

ベンチャー投資をしようという話は経営陣のなかでは昔からあった。なぜなら、私たち自身が上場に至るまでに倒産を意識するような財務的な苦労を何度もしてきたと同時に、私たちのビジョンに共感していただいた一部の投資家に辛抱強く支えられて今があると考えているからだ。

技術的な課題を克服したり、ビジネスモデルを模索したりする経験は組織としての学習効果が高い。起業から事業を急拡大できるようになるまでの道のりが平坦であればいいとまでは言わない。しかし、お金の苦労に関しては、避けるのに越したことはないと思っている。

それに戦略面に関しても、私たちなりの成功パターンは持っている。高い志を持つ科学者や起業家にお金と知見を循環させていくことは、上場企業となった私たちに課せられた社会への責務である。

このベンチャー投資という仕事では、最先端技術の開発に従事する人たちとディスカッションをする機会が多い。このことで、私自身、多くの学びを得ている。例えば最近では、宇宙空間の植物工場で単位面積当たりの生産量をどう最大化するかという課題について意見交換をした。私もユーグレナの生産コストを下げるために同じ課題にずっと直面してきたため、非常に参考になった。

今後は、自分自身の海外展開も本格化させていくつもりだ。

科学技術分野における体制づくりを創業当初から手伝ってもらっていたリバネス（東京・新宿）の丸幸弘《まるゆきひろ》代表グループCEOとともにグローバルファンドの資金集めをして、シンガポールやマレーシアなどの高い技術を持ったベンチャー企業への投資も加速させていく。私の活躍の場が広がる可能性を感じている。

公衆衛生、そして健康寿命の延伸

宇宙と並んで、私の関心が高い分野が公衆衛生だ。19年3月に私自身が免疫をテーマに医学博士号を取得した。バイオ燃料も大きなテーマだが、当社のフィロソフィーは、「Sustainability First（サステナビリティ・ファースト）」である。人と地球の健康を実現する技術はもっと力を入れていきたい分野の1つだ。

公衆衛生のための取り組みとしては、「ユーグレナGENKIプログラム」がある。出雲の肝煎りであるプロジェクトとして、バングラデシュのスラム街の子供たちにユーグレナ入りクッキーを配布して栄養失調問題の改善を目指すとともに、食育や手洗いなどの衛生教育を通して子供たちの根本的な健康状態の改善を目指している。こうした活動の量と質をもっと高めていきたい。

栄養状態が悪いところに、劣悪な衛生環境が重なると、普段なら免疫力で対抗できるような菌やウイルスに感染してしまうリスクが高まる。ハード面で地域拠点を支援する選択もあるが、コストがかかりすぎるので支援できる先が限定されてしまう。その点、私たちにはスーパーフードのユーグレナでこの問題に寄与できる可能性がある。人々の栄養状態を改善して病気にかかりづらくするために、ユーグレナを用いた食品が予防医学などの領域で果たす役割はまだまだあると思っている。この領域は、学ぶべきことがあまりに多いので寝る間を惜しんで勉強中だ。

勉強を進めていくうち、健康寿命の延伸は夢物語ではないと考えるようになった。実際、今の技術でも1つの細胞レベルであれば初期化（リプログラミング）ができる。つまり老化をリセットできるわけだ。その技術を個体に応用する手段をいろいろ検討していけば、老化を緩やかにするだけではなく、時間軸を遡るような技術についても（その是非は検討が必要だが）実現できる可能性は高いと感じている。

こうした医療分野の研究を加速すべく、20年10月には東北大学病院の中に「東北大学病院ユーグレナ免疫機能研究拠点」を開設した。免疫を軸とした分野における研究開発をさらに加速していく予定である。

研究領域をM&Aで広げる

ユーグレナ社は上場以来、さまざまな企業のM&Aを実施してきた。私が共同研究やオープンイノベーションを好むことと発想は同じで、問題解決のスピード感を上げたいなら、そのリソースを持っている人やチームを探して仲間になってもらうのが最も効率的と考えるからだ。

よく知られたところでは、13年設立の遺伝子解析ベンチャーであるジーンクエスト（東京・港）がある。17年8月に株式を買い取り、完全子会社化した。同社を創業した代表の高橋祥子は現在、ユーグレナ社の執行役員を務める。

私たち経営陣が高橋に共感することが多いのは、彼女自身、私たちと似た軌跡をたどってきているからである。彼女は東大の大学院で遺伝子解析の研究をしていた。遺伝子を活用した生活習慣病の予防について研究をしているうちに、「研究成果を社会に実装していくにはどうすればよいのか」と考えるようになり、会社を興した。

ジーンクエストの買収によって、ユーグレナ社はグループ全体として人の健康をサポートする製品やサービスを充実させていくために、遺伝子情報という新たな切り口を得ることができた。個人向けの遺伝子解析を手がけるベンチャー企業は、アジアにほぼ見当たらない。ジーンクエストは、この分野でアジア最大となり得る力を持っている。

ユニークな例としては、カラハリスイカというアフリカに自生するスイカを研究していた植物ハイテック研究所という会社も13年に買収している。このカラハリスイカ、驚くべきはその保水力の高さだ。収穫してから3年たっても腐らずに水分を保つことができる。現地では「砂漠の水がめ」とも呼ばれている。

私もボツワナ共和国に品種改良前の野生種を見に行ったことがあるが、なぜ「水がめ」と呼ばれるのかよく分かった。現地の家を訪れると、このスイカが小屋のなかに膨大に貯蔵されている。そして乾季になると、人々はこのスイカを1つ割って、水分を飲み水や料理に使ったり、体を洗ったりするのに使う。そして最後に残った皮は家畜用の餌として使われる。彼らのライフラインとして欠かせない、まさに「自生する水がめ」なのだ。

このカラハリスイカはユーグレナ同様、機能性の高い食品であることが分かってきたため、まさに「人と地球を健康にできる」素材としてM&Aを決めた。植物ハイテック研究所はメンバーの高齢化が進んでおり、研究を途切れさせずに引き継ぎたいという思いが強かった。

みんなのミドリムシプロジェクト

最後に話をユーグレナに戻そう。

2019年から全国の子供たちとそのご家族の協力を仰ぎながら実践しているのが、「みんなのミドリムシプロジェクト」である。クラウドファンディングで支援者を募集してユーグレナの採取キットを配布し、各地で採取したユーグレナを送ってもらうことにより、いまだかつてないスケールでユーグレナのデータベースをつくることを目的としている。

この活動の背景には、私たちが知らない特性を持つ新たなユーグレナが、自然界にはまだまだ存在するはずだと見ていることがある。

例えば、かつて寒冷地で取れたユーグレナを温かい環境に置いていたら、ほかのユーグレナよりはるかに増殖が早かった経験がある。普通に考えると寒冷地のユーグレナは成長が遅いように感じるが、私たちの予想が裏切られたことで、あまり独善的に考えすぎるのはよくないと気づいたのだ。

それに自社でも全国各地でユーグレナを採取しているが、投入できる人材にも限りがあり、自社だけで集められる数は限られる。年間で10～20種類程度だ。その中でユーグレナを選別して「このグループが最強でした」と言ったところで、それは大きな母集団の中では偏差値65くらいしかないかもしれない。となれば、母集団を1000、1万と広げ、その中で偏差値85くらいのグループを発見できれば、きっと新たな展開が見えてくると思うのだ。

ちなみに私が喉から手が出るほど欲しいと思うユーグレナは、熱耐性に強いグループである。相対的に熱に強いグループがあるとはいえ、現状では水温が35度を超えると活性が著しく落ちてしまう。この壁をクリアできれば、また1つユーグレナの用途が広がると確信している。

なお、プロジェクトを通じて集めたユーグレナは、貴重なサンプルとして当社が責任を持って生かし続けている。これが少し、手間がかかる。マイナス196度で生きたまま凍結保存する技術も存在するが、種の保存という意味では全幅の信頼を置くまでに至っておらず、人手をかけてユーグレナを育て続けている。

当社にとっては、飼育するユーグレナの保管場所も重要である。天災や装置の故障に備えて、クラウド用のサーバーが同じデータを2カ所以上で保存してバックアップしているのと同じように、当社もユーグレナのサンプルは同じ種類を2カ所で保存している。当社の中央研究所、石垣島の生産技術研究所、そして私が籍を置かせてもらっている理化学研究所のうち2カ所に置く形だ。関東は大きな地震が予想されるため、特に研究の上で重要な種類については必ず石垣島でも保存するようにしている。

第6章

次世代研究者・起業家への助言

WILL、CAN、MUSTの重なる領域を探す

私は学生のときから、自分が何をすべきなのか迷ったときに使うフレームワークがある。世間では「WILL、CAN、MUSTのフレームワーク」と呼ぶそうだが、その図の形から、私は「仕事の三原色」と名づけている。研究テーマを探すときやキャリアプランを考えるときに重宝する。

やることは簡単だ。

「自分がしたいことって何だ?」
「自分にできることって何だ?」
「周りから必要とされることって何だ?」

これらを自問し、その3つの輪がオーバーラップする状態は何か(どこか)をひたすら考える。3つの輪が重なる領域こそ最も充足感をもって目の前のことに取り組める状態であり、それは周囲も自分も幸せになれる領域といえる。

さらに書き出したものを見ながら10年後、20年後、その重なりがどう変化していくか、もし

「仕事の三原色」で考える

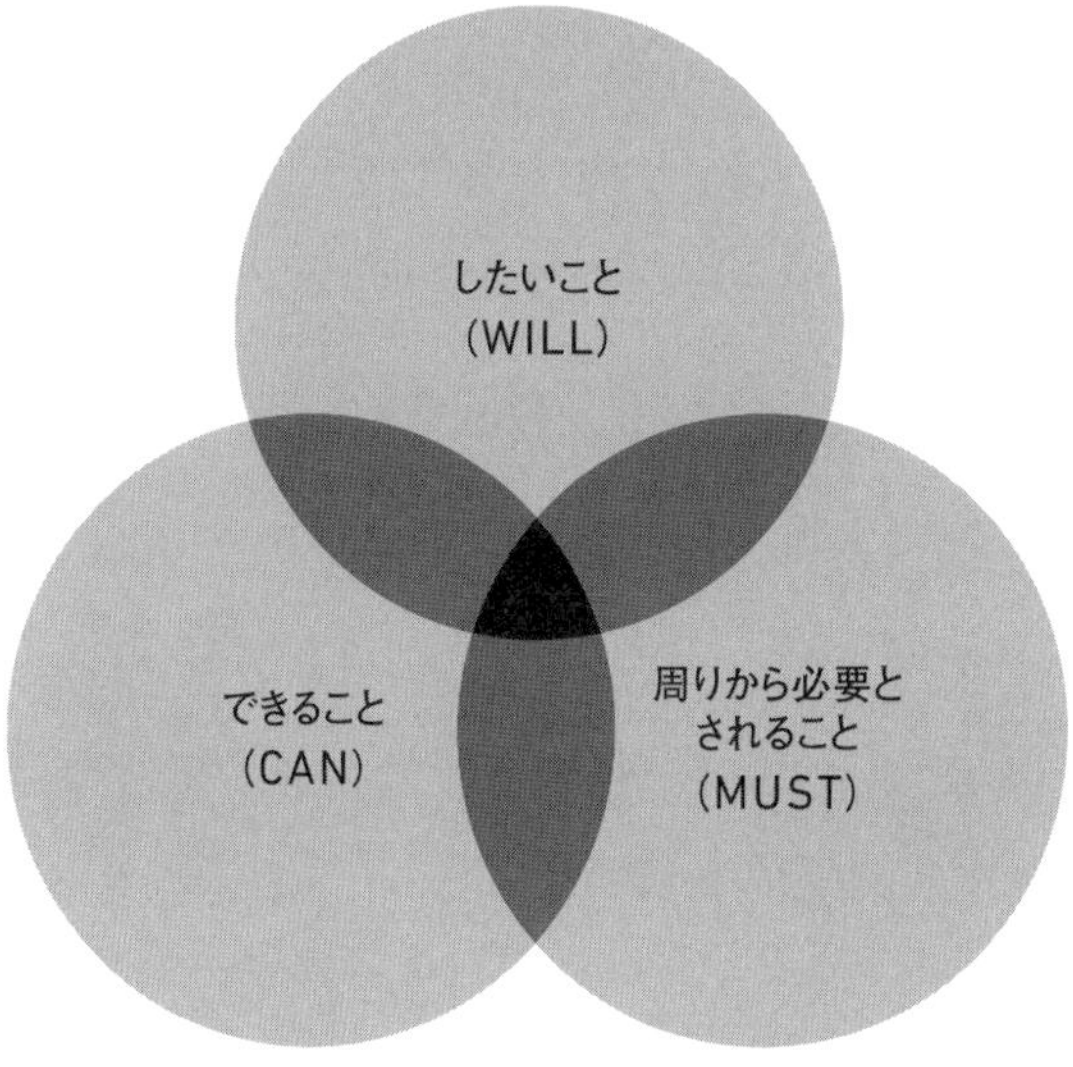

「自分がしたいことは何か」「自分ができることは何か」「周りから必要とされることは何か」という3つの領域が重なる状態こそ、最も充実して取り組めることである

くは変化してほしいかまでイメージできると、今、自分がやるべきことに対して自信が湧いてくる。若い研究員や学生にこれを教えると喜ばれることが多いので、このフレームワークをどう使うのかを私のこれまでを振り返りながら紹介したいと思う。

大学に入るまで

子供の頃の私は「考えること」と「勉強」が大好きだった。勉強をしなくてもいい成績が取れる神童タイプでは決してなく、純粋に知らないことを学ぶと喜びを感じる子供だった。家にいるときは基本的に頭を使うゲームをするか、自主的に勉強するかのどちらかだ。つまり、したいことは「知的好奇心を満たすこと」であり、それは今でも変わっていない。

できることは何かというと「勉強」だ。両親はめったにおもちゃは買ってくれなかったが、参考書や図鑑はいくらでも買ってくれた。勉強をする環境には恵まれていたと思う。

必要とされることについては、小さなときから祖母に「いい大学に入ってほしい」と言われ続けてきた記憶がある。

これを3つの輪に当てはめると、知的好奇心の充足が最も期待できる東京大学を受験することは自然な選択であった。

ユーグレナに出合うまで

大学に入った私は、既に触れた通り、イベントサークルで出雲に出会い、社会のために実際に行動を起こす彼の姿に感銘を受けた。また、大学1、2年のときはIT企業でインターンを経験し、自分の一挙手一投足で物事が変わる面白さを体験していた。こうした経験から、サイエンスの世界においても、適切な行動をとれば自分の力で社会に変化を起こせる可能性があると感じられるようになってきた。それまではロールプレイングゲームの世界で満たしていた、何かの課題に立ち向かうという自分の中のヒロイズムのようなものがリアルな世界に向き出した。当時の私にできることは相変わらず「勉強や研究をすること」だったが、したいことが「知的好奇心を満たす研究をして社会に貢献すること」に変わっていった。

しかし、単に勉強をしたところで社会がよくなるとは限らない。ここで悩むことになる。勉強したものが社会に還元されるにはどうしたらいいか、社会はどんな研究を必要としているのかということを大学1、2年の間はずっと模索し続けた。数学は大好きだったが学問としては自己目的化し過ぎていると感じていたし、工学も興味があったが、研究領域が細分化され過ぎていると感じた。あくまでも当時の私が持っていたイメージであるが。

その結果として絞り込んだのが、未知の研究テーマが多そうで、なおかつ社会還元がしやすそうな「生物生産に関する技術」もしくは「環境系の産業技術」といったバイオテクノロジーの領域。これが農学部に進むことを決めた理由だ。

ユーグレナに出合ってから

ユーグレナとの出合いは第4章で書いた通りだ。したいことと必要とされることはすぐにつながった。すなわち、したいことは「ユーグレナの研究で社会に貢献すること」であり、必要とされることはニューサンシャイン計画の主旨通り、「新食料生産技術と新環境技術」である。

しかし、最初のうちは自分に何ができるのかが分からなかった。ユーグレナの大量培養を目指すのか、応用研究をするのか。いずれにせよ研究者のスタートラインに立ったばかりの私には何もできない。

そこで私が何をしたか。それが、第4章で触れた研究室でのユーグレナの社会実装についてのプレゼンである。1人で大したことはできないが、自分が何をしたいかを発信すれば変化を起こすことができる。周囲の理解を得られ、いろいろな形でサポートを受けることができ、自分にできることが見えてくるのではないかという期待があったのだ。

ユーグレナ社設立

研究室では直接的に大きな協力は得られなかったが、このとき作成したプレゼン資料やストーリーが奏功した。中野先生をはじめとする全国の研究者、個人投資家、八重山殖産など次々に仲間が増え、ニューサンシャイン計画の後継者としてユーグレナを食用にするための屋外大量培養に挑戦するふん切りをつけることができた。ある論文にはユーグレナの量産は不可能ということまで書いてあったが、それまでの予備研究の結果などからも必ず実現できるという確信めいたものがあった。

こうして私の中で、WILL、CAN、MUSTの3つの輪がきれいに合致する形でユーグレナ社はスタートを切ったのだ。

自分がしたいことが分からない人へ

WILL、CAN、MUSTのフレームワークを実際にやってみると、すんなり書ける人と書けない人がいる。

よくある相談は、「したいこと」は明確にあるものの、それが「できること」や「必要とされていること」と重ならないケースだ。もし、したいことがはっきりしているなら、このフレームワークにとらわれすぎる必要はない、とアドバイスしている。

厄介なのは「したいこと」が分からない人だろう。私に相談に来る人の中でもかなり多い。これだけ情報化・多様化が進んだ時代であっても、就職人気ランキングの上位から順番に会社を受ける人や、ペーパーテストの延長で何となくキャリア官僚の道を進む東大生はいまだに多いと聞く。

したいことが分からない人は、したいことに出合っていないだけだ。だからこそ食わず嫌いにならず、好奇心を持ってさまざまなことを経験し、幅広い知識を身につけ、いろいろな人に出会うことが重要だと思う。私自身も大学で出雲に出会ったり、いくつかの企業でインターンを経験したりするなかで、社会との関わり方や、主体的に行動を起こすことの重要性を意識するようになった。このことが、ユーグレナを研究テーマに選び、起業をする契機となった。もし私がただの生物オタクで、ユーグレナを研究対象に選んでいなかったら、ユーグレナ社は存在していない。

勉強の仕方も同じだ。若い頃はあまり独善的にならずに幅広く学び、その中から自分のしたいことや世の中で求められていることに絞り込んでいくのがいいと思う。つくづく教養学部で学んでから専修を選ぶという東大の仕組みは合理的である。

そういう意味では手軽にいろいろな世界を垣間見ることができる読書もお勧めだ。学生時代の私は生物や生物工学の本を中心にしながらも、理系向けの書籍は網羅的に読むようにしていた。それに文科系の本もよく読んだ。特に好きだったのがビジネス小説だ。もし自分がビジネスの世界で活躍するとしたらどのように振る舞うべきか、もしくは企業がどのように意思決定するのかといったことを疑似体験できるのが面白かった。それが、実際に起業することになってから役立っている。

したいことがある人でも、自分の知らない世界をいろいろ経験しておくことは重要だ。自分が進まないであろう道も、解像度は粗くていいので確認してみる。そして目の前の選択肢をいったん広げてみてから、「これはこういう理由で自分の考えと違うな」と自ら言語化しながら本命へと絞り込んでいく。こうした一手間をかけておくと、自分が選んだ選択肢が確信を持って「したいこと」だと思えるようになる。視野が狭い状態で選んだ「したいこと」と、視野を広げた状態で選んだ「したいこと」は、最終的に選んだ内容が同じだとしても、それを自分事だと感じる気持ちの強さがまったく変わってくる。

知らない世界を経験しようと、私は学部生と大学院生時代に就職活動をしている。業界もあえて絞らず、商社、食品、不動産、通信、ゲーム業界など気になった企業を回った。大手デベロッパーを相手に「ユーグレナの研究をさせてもらえませんか？」と質問したかと思えば、重厚長大な事業を手がける企業を相手に「2年で経営者になれますか？」と聞くような、かなり変わった学生だった。

私がわざわざ就職活動に時間を割いたのは、研究者に進むという道を自分の中で相対化しておきたかったからだ。研究者という仕事は数あるキャリア選択の1つである。それを自分は自信を持って選んだという形にしておくと、研究者としての覚悟が深まると思ったのである。

一番避けたいのはしたいことがないのに、現状の何となく居心地がいいところにとどまってしまうことだろう。それではいつまでたっても、セレンディピティ（予期せぬ幸運な出会い）は期待できない。

インターネットで皆がつながる社会となった今、自分に足りないリソースを外部から調達するハードルはかなり下がった。AI（人工知能）も身近な存在となった。それは若い人でも「できること」が増えているということだ。そんな時代だからこそ、社会が本当に求めているのは特定のスキルを持った人ではなく、明確なビジョン（したいこと）を持った人なのである。

大学か？ 民間企業か？

研究結果の社会実装を念頭に置いた研究者であれば、大学で研究を続けるか民間企業に就職して研究を続けるかで一度は悩むことだろう。結論から言えば、わざわざ二者択一にせず、両者のいいとこ取りをするのが最も賢明な選択だと思う。

少なくとも私にとって大学とは「いつでも戻れる場所」という位置づけである。言ってみればホームだ。アカデミズムの世界ならではの作法はあるが、客観的な業績を持ち、国や民間から予算を獲得できるプレーヤーであれば、大学で研究を続けることはさほど難しい話ではない。一方、民間企業という選択肢、特に起業を選択する場合は、ある日突然に倒産や解雇などで居場所を失うリスクもある。

こうした違いを理解した上で、大学か民間企業かでまだ思い悩むなら、「予算」という現実的な観点で判断するのが最も分かりやすいだろう。「予算」はそのまま「研究スピード」に比例するからだ。

ご存知の通り、日本の大学は論文を中心とした業績主義である。研究者としての評価・実績は「書いた論文の数と質」、そして「専門誌に掲載された回数」という因子で決まる。その評価・実績はそのまま研究室の予算に比例するので、長く研究をしている人ほど潤沢に予算がつく年功序列の構図ができあがっている。大変なのは若い研究者で、20代のときに与えられる研究予算は年間数百万円。実験装置を1つ買ったら終わりである。

次の予算を確保するためには、それが大して世の中のためにならないと薄々感じていたとしても、限られた予算の中できっちりと論文をまとめて世の中に認めてもらう必要がある。

学部生や大学院生のときは予算の多い研究室、すなわち実績が豊富な教授がいる研究室を選んだほうが研究環境が整いやすいという一面はある。しかし、自分が研究者として独り立ちして大きなことを実現しようと思うときには、研究室内の年功序列の仕組みが制約となる。研究開発に割り当てられる国の予算には上限があるので、この構造が劇的に変わることはおそらくない。研究テーマの社会性や可能性を加味して予算配分が変わることはあっても、予算全体はさほど変わらないので劇的に金額が増えることはない。

その点、民間企業は研究予算自体を自助努力で創出できることが魅力である。自社の営業利益を研究開発費に回したり、投資家から出資を受けたり、共同研究をしたり、ＩＰＯ（新規株式公開）をして広く市場からお金を集めたりと、予算を増やす方法は無数にある。

最近では大学に残って民間企業のスポンサーを募る選択肢も出てきた。例えばＡＩの分野では、２０２０年に東大とソフトバンクが共同で「Ｂｅｙｏｎｄ ＡＩ研究推進機構」を設立して東大内に拠点を設けた。ソフトバンクや同グループが10年間で最大２００億円を投じるとしている。ただ、このような新しい道も開けてきたとはいえ、やはり支援を得やすい研究分野は限られる。民間企業にいて自己責任で資金調達したほうが圧倒的に研究の自由度は高い。

民間企業が資金集めをするときもアカデミックの世界と同様、確実に「実績」を評価される。しかし、ビジネスの世界では「過去」の実績だけではなく「未来のビジョン」にも値段がつく。この違いが大きい。

特に実績を積み上げながらビジョンを語り続けると、大学の研究室では到底集められないスケールで資金が集まる。私は現在41歳だが、グループ会社を含めると億単位の研究開発費を扱っている。同世代の大学の研究者と比べるとかなり恵まれているが、これはたまたま運が良かったのではない。戦略的に自分で道を選んできた結果である。

ユーグレナの起業という話が出始めた頃は、大学で研究を続けながらユーグレナの社会実装を目指す可能性も捨て切っていなかった。ただし、その場合はテーマ的にも実績的にも外部から資金を調達することは困難だった。資金を得るには、指導教授名義で国に予算申請し、実際の研究は私が担当するという方法が現実的ではないかと見ていた。その一方で、前人未到のことに挑戦するなら自分で研究を軌道に乗せていきたいという思いもあった。民間企業で自らつくった資金を使って自分の責任でできる研究を推し進めたほうが、研究開発のスピードが加速するだろうとも感じていた。

最終的にユーグレナ社の起業を決意した背景には、「産学連携の形をとると予算の申請が通りやすい」という、研究室の中で気づいた〝研究ハック〟的な経験則があった。どんな形であれ、民間企業という箱を用意し、私が大学と民間企業の両方に軸足を置くことで、ユーグレナの社会実装を加速できると判断したのだ。

日本の大学について1つ大事なことを付け加えるなら、新しい研究であればあるほど予算がつきづらいという特徴がある。「アメリカでこの研究が始まった」「中国ではこの研究が進んでいる」といった情報が日本に流れてきて、ようやく「じゃあ予算を少しつけましょうか」という話になる。このスピード感は、科学の力で世界を変えようと本気で考えている研究者にとっては致命的な欠点になり得る。

もちろん、アカデミズムを否定したいわけではない。

大学ならではの研究インフラ（先輩研究者のネットワークや設備など）にはやはり魅力があ

る。大学にしろ民間にしろ、研究者としての道を歩むなら、学術に対するリテラシーとリスペクトがあることを対外的に証明できなければ、研究者のつながりを広げたり、産学連携などを進めたりする上で圧倒的に不利になる。

私にとっては大学院に進むことや、博士号をとることや、学術論文を書くことは、会社の看板づくりでもあると捉えている。その看板があることで国の助成金を受けやすくなったり、大学の先生たちとの協働がしやすくなったり、会社の信用アップにつながったりする。

特に海外に進出していく、もしくは厳しい規制のある分野にゼロから参入していく際、しっかりした論文を書けることは、絶対的な評価につながる。論文はそのまま会社の信用になるのだ。科学的なリテラシーが高い人であれば、論文を精査することでその企業にどれだけの研究能力があるかすぐに見抜くことができる。

研究内容をあまり開示しすぎてしまうと競争優位性を損なうという側面はあるかもしれないが、その論文を書くことでその道の第一人者というポジションが確立できる。国の予算がつきやすくなったり、ほかの先生との共同研究がしやすくなったり、チームに優秀な科学者を集めやすくなったりするメリットがあるのだ。もし私がユーグレナの大量培養成功をきっかけに大学を退学して博士号を取得せずにいたら、今や私の研究生活に欠かせない要素である理化学研究所の「微細藻類生産制御技術研究チーム・チームリーダー」という役職は得られなかったはずだ。優秀な若い研究者をユーグレナ社に集め、束ねていくことも難しかっただろう。

大学の客員教授というポジションも同じだ。それぞれの契約によるが、私の場合は実際に教壇に立つことが義務づけられているわけではなく、その大学との共同研究を管理するのがメインの立場である。本業としている仕事と同時にこなせることが多く、大学のためだけにする仕事はかなり限定的で、本業への支障はまったくない。しかし教授という肩書きをいただくことで、私の発言の一つ一つに重みが増すというのは純然たる事実だ。小ぎれいなスーツを着ている人とヨレヨレのシャツを着ていている人がいたら、中身は同じでもスーツを着ている人のほうを信用するのが人間である。

結局、大学に残るべきか、民間企業に移るべきか。もし5年程度で成果が出そうなプロジェクトに取り組むなら、所属は大学であろうと民間であろうと、それを実現する何かしらの手段はある。しかし「この技術で世界を変えたい」という大きなゴールを設定しているなら、「研究を長く続けられる環境はどこにあるか？　今存在しない環境ならどうやってそれをつくることができるか？」という視点を持つといい。私の場合、それは起業しつつも大学に籍を残すことであった。

スペシャリストかゼネラリストか？

特定の分野で突出した一番のスペシャリストになるか、科学全般の知識を身につけた〝何でも屋〟のゼネラリストを目指すか。このあたりで迷っている人もいるかもしれない。当社の研究員でも「鈴木さんのようなゼネラリストになりたいので、いろいろなプロジェクトを経験させてください」と志願してくる人もいれば、「この領域に関しては、2位に2周差くらいつけておきたいんです」と1つの分野の研究にこだわる人もいる。そこは、各自のキャリアイメージにできるだけ合致する形で、チーム全体の成果が最大化するように仕事を割り振っている。

ただ、ゼネラリストを目指すときでも、ランチェスター戦略や比較優位の原則に関連して話した通り、研究者としての名刺代わりになるような武器は欲しい。いろいろ手を出すことで世界が広がると思われがちだが、すべてが中途半端だと研究相手との最初の接点はできても、そこからの広がりが意外と少ない。ゼネラリストを目指すにしても、まずは1つの分野を極めることが重要になる。1つの分野を極めると、他の研究者から得られる信頼度がまったく変わってくる。

新しい分野に飛び込むと、最初のうちは「素人が来たな」といったリアクションが返ってくることもある。それは否定しない。しかし、そのテーマに対する熱意があり、異なる分野だったとしても研究者としての実績があると、自然と受け入れられることが多いのだ。

例えば自分が不慣れな領域で、その道の大家と共同研究をしたいと思ったら、私は組みたい研究者が過去に書いた論文を完璧に頭に入れて打ち合わせに挑む。疑問が湧いたら知ったかぶりをせず聞く。同時に、「自分の専門分野ではこういう解釈ができる」といった自分なりの情報を付け足していく。「今の自分がカバーしている分野の知見の中で最大限、理解に努めようとしている」という姿勢が相手に伝わると、良好な関係を築きやすい。コミュニケーションの質も上がるので新しい分野でのキャッチアップの速度も上がり、早い段階で共同研究への貢献（異なる領域の知見による提案）ができる。

この繰り返しで信頼を得て、私はさまざまな分野に研究範囲を広げることができた。今の私なら、ユーグレナ以外でも他の研究者と比べてかなり立体的な提案ができると自負している。

私は今、ユーグレナ以外にも理化学研究所、マレーシア工科大学や東北大学などでそれぞれ研究領域の研究チームや研究者ネットワークを持っているが、それもゼネラリストだからこそできることであり、同時に私をさらなるゼネラリストにしてくれる環境でもある。アカデミックの世界でもビジネスの世界でも、さまざまな肩書きを持っている人は多いが、その多くは同じ研究領域のものに限られている。それではあまり意味がない。

まずは軸となる技術や専門分野を持つ。そして日頃からサイエンス全般のリテラシーを高める努力を続けながら、軸となる技術や専門分野を応用できそうな分野を探す。それが見つかったらその分野に軸足を置けそうなポジションを探す。これが、私なりに実践してきた研究者としてのキャリア構築法である。

と偉そうに書いたが、最終的に研究者の優秀さを決めるのはサイエンスへの情熱である。例えば当社で研究職を採用するときは、私が面接官となる。面接では、まず応募者にそれまで手がけてきた研究を10分に要約して説明してもらう。次の10分は質疑応答である。私が知らない研究分野ならさらに説明をしてもらったり、知っている分野なら「こういう仮説があるがどう思うか」と深掘りをしたりする。わずか20分だが、その話の内容からは応募者の研究にかける情熱があるか、どれだけロジカルに研究を設計・考察してきたかがよく分かる。研究にかける熱量や基本となる研究のスキルは、研究テーマが異なっても基本的に変わらないものである。

演繹的アプローチを採る

東大では農学部に進んでユーグレナを研究テーマに選んだものの、実は私が生物系の勉強をするのは中学時代の理科クラブでミジンコの閉鎖生態系をつくったとき以来だった。小さな頃から数学が大好きで、高校時代は物理（とゲーム）に熱中し、大学の1、2年は教養学部で化学や電気など幅広い勉強をしたが、大学で生物の講義を受ける機会はほとんどなかった。

しかし、結果的には幅広い分野でいろいろと学んだことが、ユーグレナをはじめとする私の研究面で大いに役に立った。むしろ、「数学→物理→化学→生物」という順番で自然科学を理解していく演繹的なアプローチ、すなわち科学の原則となる数学、物理から入り、次第に具体的な現象を学ぶ化学、生物に進むという流れのほうが理解が深まる。これは生物を扱う研究者にとって最善の勉強法ではないかと感じている。

まず、数学と物理について。これらの科目の特徴は、学ぶときのインプット（覚えること）が少ない割に大量のアウトプットを求められることである。つまり、基本法則さえ頭に入れれば、後はその法則を用いながら自分の思考力で答えを出せる学問なのだ。暗記が求められるのは物事の仕組みを理解するまでで、後はその仕組みを使って情報を処理し、適切にアウトプットしていく能力が問われるということになる。

「こういうロジックが解明されているなら、こういう条件下ではこうした動きをするだろう」といった仮説を立てたり、「この条件であればこれくらいの量が取れるだろう」と推測をしたり、実験が予想外の結果に終わったときに「どこに変数の見落としがあったのだろう」と論理的に考えたりする行為を面白がってやれるかどうかは、その人の数学や物理の経験値に影響されると感じている。実際、農学部に進学して大成する人たちを見ても、中学・高校時代に数学や物理が嫌いだったという人はほぼいない。

また、生物を扱うなら化学の知識も欠かせない。生物は分子でつくられており、その分子を構成しているのは原子だ。生物のことを語ろうとしたときに、分子の結合や電位差といった最小単位の世界を理解していないと不必要に遠回りをしてしまう恐れがある。経験値やデータを基に、「このような結果になるということは、こんな仕組みなのだろう」という仮説を帰納的に立てていくリテラシーももちろん重要ではある。しかし、最短で真理を追究したいなら演繹的アプローチを交えることが一番効率的である。

マラソンの前に体を温めるウオーミングアップを考えてみよう。多くのランナーは自分の過去の経験（やコーチの命令）に基づいた方法でウオーミングアップをしている。これは帰納的なアプローチだ。一方、演繹的アプローチならば、細胞内の糖が分解されてエネルギーに変わるメカニズム、熱力学といった基本法則をすべて理解した上で、それに則した方法でウオーミングアップをするという考え方になる。

経験を積み重ねるだけでなく、頭でロジックを理解しておくと、より合理的な判断が下しやすくなる。仮にすべてがロジックで理解できなかったとしても仮説が立てやすくなる。そして、他人の仮説も理解しやすくなる。微生物の研究では演繹的な発想は必須といっていい。微生物の中での化学反応や酵素の反応といった要素を理解しておかないと、なぜ微生物が寒いところでは動きが鈍くなり、暖かいところでは動きが活発になるのかということの説明すらできない。それでは研究という名の単なる「観察日記」である。

アジャイル型研究のすすめ

ビジネスパーソンはエクセルで工程表を作るのが大好きだ。工程表が好きな人は仕事の進捗を登山に例えて「ついに7合目まで来た」などと考えることが多い。しかし研究開発はそう簡単に「何合目」と例えられる性質のものではない。過去の実績から各フェーズの工数が正確に計算できるのであれば工程表は意味を持つ。しかしサイエンスの世界での研究は、何が正解なのか分からない状態から仮説検証のサイクルを続ける行為で成り立っている。答えが分からない以上、精緻なプランニングなどしようがない。研究者に与えられた使命は「できるだけ最短で真理にたどり着くこと」だけである。

このため、私は出雲や福本の考え方と衝突することがたまにあった。例えば、2005年夏に石垣島に培養実験用のプールを借りることができ、「いよいよ研究のスタートラインに立てた」と思ったタイミングで、彼らがせっせと営業担当の採用を始めたからだ。そして東京の事務所で顔を合わせるたびに「工程表からすると、そろそろ量産体制に入れる時期ではないか」と聞かれるのである。私としては「全力で条件の洗い出しをしているので安心してください」と答えるしかなかったが、そのプレッシャーの大きさたるや、言葉では表現しきれないものだった。

もちろん、会社として初速の勢いをつけるためにはあちらこちらへの根回しが必要で、その説得のためには日程の具体的な数字が必要なことはよく分かる。そうは言っても、その時点では大量培養の糸口がつかめていたわけではなかった。生産スケジュールはどんな手を使っても間に合わせるという強い気持ちは持っていたものの、そんな精神論だけでイノベーションが起こせるなら科学者は要らない。2人には「生産スケジュールはおそらく前後する。だから、確証なくやたらと人を採用することだけはやめてほしい」と伝えたが私の意見は通らなかった。「鈴木さんならできると信じているよ」と言われるだけだった。

研究者は真理を追い求めることに喜びを感じる人種だ。KPI（重要業績評価指標）や工程表で周囲から管理されずとも、自ら進んで研究所で寝泊まりをする。こうした体験があったため、私がユーグレナ社の研究部門を統括する立場になった今は、研究者やエンジニアがそれぞれの裁量で研究開発に没頭できる環境づくりを可能な限り意識している。

こうしたビジネスパーソンと研究開発に関わる人の感覚のずれは、あらゆる組織で起きることだ。ギャップは簡単には埋まらない。

真理を追究しながら、日程に合わせるために研究者・開発者はどう振る舞えばいいのか。

私の経験からアドバイスしたいことは、小規模な実験をできる限り多く並走させることだ。工程表通りにプロセスを細かく区切り、それを順番にこなしていく「ウォーターフォール型開発」ではあまりに時間効率が悪すぎる。最終的にすべての課題を解決するという原則さえ守れば、答えが出ない課題とは関係がない別の実験を並行して進め、その分時間を稼ぐということは十分にできる。

例えばカレーを作るとき、まず「肉を炒める」というプロセスがある。何らかの理由で肉が調達できない場合は、ウォーターフォール型開発の考え方では肉が手に入らない限り、次のプロセスには進めない。しかし、実際にはその段階で肉を炒められなくても、野菜を炒めるといった他のプロセスを先に進め、それと並行して肉を手配し、後から肉を炒めて煮込む鍋で合わせるという方法もあるはずだ。

研究開発をするときは小さなプロセス、小さな検証、小さな開発を同時にいくつも行うという発想が重要である。具体的に何をすべきかはロジックツリーで整理する。特にボトルネックになりそうなプロセスや、その代替として使えそうな技術などがあれば、事前にリストアップして先に小規模な実験を進めておく。すると、大規模な実験に進んでからの後戻りが減り、結果的に最短で研究を進めることができる。

プロジェクト全体を小さなパーツに分解して、小規模な実験をしながら進めていくやり方は、コンピューター用ソフトウエアのアジャイル型開発の手法に似た研究スタイルといえるかもしれない。つまり、最終製品をいきなりつくり始めるのではなく、まず最小限の機能をつくってユーザーの反応を見ながら機能を追加していくというやり方だ。

ただ、注意したいのは、実験を並行して進める研究・開発スタイルは作業の流れが複雑になり、一本道の工程表が好きなビジネス寄りの志向を持つ人には進捗を理解してもらいづらいことだ。

大量培養を目指していたときの私は、師匠の中野先生から引き継いだデータの分析結果や全国の研究者からのヒアリング、そして学部生時代から行ってきた予備実験の結果などを踏まえて「どのような実験をどの段階で行って、その結果次第でどんな実験をするか」という私なりの筋書きを持っていた。

しかし、それをユーグレナ社の経営会議などで説明すると「鈴木さんの書く進捗図は分かりにくすぎるから、もっとシンプルに示してくれないか」とよく言われた。

今では研究とはどういうふうに進むのかについて周囲の理解を得られるようになり、そこにいくつかの実績に基づく信任もプラスされて、私の流儀を押し通せるようになったが、当時は進捗報告のたびに「研究開発はそういうものではない」と説明を繰り返していた。起業を目指す研究者は、研究者の常識とビジネスパーソン的発想のずれについて意識しておいたほうがよいだろう。

研究で行き詰まったらどうすべきか？

研究開発を進めるうち、不安が頭をもたげてくる人もいるだろう。

「研究の行き詰まりを感じる」

「本当にこのままの方向で前進し続けていいのか、自信が持てない」

「地に足をつけた研究がしたいが、できない」

若い研究者はこうした悩みにしばしば直面するものだ。私もたまに相談を受ける。私の経験上、研究者がこうした行き詰まりを感じる理由は、大きく2つに分けられる。

・自分が解決したいテーマではない
・研究上の課題が整理できていない

自分がやりたいテーマではないと悩む人は、大学の研究室で指導教授から与えられた研究テーマに取り組んでいる学生に多い。「あまり興味がない」くらいのレベルなら、まだマシだ。

中には、そもそも解が存在しない研究テーマの答えを出せと教授から言われて苦悩し続ける学生もいる。教授の指示でよく分からずに同じ実験を機械のように繰り返し、実験結果だけを積み上げている学生もいる。これでは目標を見失い、行き詰まりを感じてしまうのも仕方がない。

そんな人に勧めたいのは、自分を俯瞰《ふかん》的に捉える時間をつくることだ。

前出のWILL、CAN、MUSTのフレームワークを使ってもいいし、ロジックツリーを枝から幹へと遡るイメージで「自分は本来何がやりたかったのか」をひたすら考え、紙に書き出してみるだけでもいい。私も定期的にこれを行っている。

いざ文字として書き出してみると、

- 今のアプローチとは違う視点から、行き詰まりを乗り越えられるのではないか？
- 目標設定自体が安易すぎたのではないか？
- 手段が目的になっていたのではないか？

といった気づきを得られることが多い。

例えば、大学で研究を続けている人で、「いい論文を書かないといけない！」と焦っている人は少なくない。その場合も「そもそも、いい論文とは何のために書くのか？」とロジックツリーを1段、2段と遡ってみると、「自分が理想とする研究環境を整えたいからだ」などと当初の思いを再認識できるかもしれない。研究環境の充実が真の目的であれば、今一つ波に乗れない論文の執筆に時間を割くよりも、理想の研究環境を持つチームに自分を売り込んで一緒に研究させてもらうという解決手段もあるはずだ。

研究に行き詰まるもう1つの理由である、課題が整理できていないケースは、第1章で詳しく見たように、現状の課題をロジックツリーに落とし込んでみるといい。

課題が整理できていない状態は、地図もコンパスもなく宝探しをしているようなもの。不安に襲われるのも当然だ。

ロジックツリーで自分が向き合う課題を整理しておくと、個々の実験は、地図を見ながら問題となる因子がありそうなところを1つずつチェックしていく作業に落とし込むことができる。どこから着手すれば効率がいいかを把握しやすくなるし、自分が毎日取り組んでいる実験が、全体から見てどんな意味を持つ工程なのかがよく分かるようになる。実験に取り組む意義も深まるはずだ。

バイオベンチャーが失敗する2大理由

もし、起業当時の私にアドバイスできるとしたら、成功するためにこれだけは注意してほしいと考えることがある。今の私もまだ大きな山を登っている最中ではあるが、これまでの経験から、技術を持ったバイオベンチャーが失敗する理由は大きく2つあるということだ。

1つは事業拡大（スケール）のタイミングが早すぎることだ。特にスタートアップ大国のアメリカでは、研究者を早々に集めすぎて資金が尽きる企業が数多くある。

私の立場から見ていて目立ったのが、植物プランクトンの大量培養を行うことを前提とする企業の急拡大だ。

植物プランクトンは一般の人にも一見身近な存在であるがゆえに、情報のミスリードが生まれやすい。投資家に対して「植物プランクトンを水の中に入れておけば二酸化炭素と光で勝手に増えるので、植林事業の10倍の二酸化炭素吸収効果が出せる」などと説明すると、その言葉を信じてしまう人が多いのだ。実際にはユーグレナの培養で私たちが取り組んできた通り、高度な技術を確立する必要がある。

投資家を欺くような企業が淘汰《とうた》されるのは当然だが、悪意がないケースもよく見かける。つまり、大きなスケールでの実験を一度もせずに資金を集めて研究チームを拡充し、マーケティングにも湯水のようにお金を使うといったケースだ。そして1年ほどたったところで、大規模な実験をした途端に課題が浮き彫りとなり、投資家に「あと少しで開発を達成できるので、追加出資をしてほしい」と迫って断られてしまうような例がある。日本のバイオベンチャーではこうした派手な拡大をする企業はめったにないが、海外ではこうした例が少なくない。

バイオベンチャーが失敗するもう1つの理由は、成果が出る前に研究が打ち切りになってしまうケースだ。これは日本の大企業が支援するベンチャーなどでよく見られる。

日本国内にはバイオ燃料の実現に向けてしっかりとした体制をつくり、予算をつけてチャレンジしている大企業が何社かある。狭い業界なので担当者と話をする機会も多いが、誰もが私たちと変わらぬ情熱を持って研究開発に取り組まれている。

しかし、そうした大企業のボトルネックになるのは経営陣の方針が変わりやすいことだ。オーナー企業でなければ、経営トップが定期的に変わる。新しい経営トップは就任時に新しさを打ち出そうと、前任者が仕込んだ長期プロジェクトを、すぐに結果が出ないことを理由に道半ばで縮小することが少なくないのだ。

しかも、その方針を決める経営トップを説得することは一筋縄ではいかない。私も投資家や株主から、他社との比較で早く成果を出すようにとプレッシャーを受けた経験がある。

これはよく言われる投資のジレンマだが、誰もが一言の説明で成長性を理解できる市場はすぐにレッドオーシャンと化す。バイオベンチャーが拡大していくには、一部の人だけが気づくニッチな成長市場を攻める一手と、持続的な経営とのバランス感覚が必要になる。将棋の羽生善治九段のような、プロでも良い手か悪い手か結果を見るまで分からないような神の一手を打つことが求められる。限られた手元資金と現場感の絶妙なバランスを取りながら、研究を最大のパフォーマンスで継続し、セレンディピティを見逃さない。こうしたことを地道に続けられる企業だけが最終的に生き残るのではないかと思う。

サイエンスと多数決

本書の最後に少しだけ昔話をさせてほしい。

小学校の3、4年生あたりのことだったと思うが、クラスの担任が珍しく「今日はみんなでディスカッションをしてみよう」と言い出した。議題はこうだ。

「同じ量の水が入った水槽が2つ天秤にかけられている。天秤は釣り合って針は中央を示している。片方の水槽に魚を入れたら針はどう動くか？」

自分にとっては、あまりに簡単な問いだったので、私はすぐに手を挙げ「魚を入れた水槽が重くなって天秤は傾く」と発言した。そのまま議論にもならずに終わるのかと思ったら、同級生の1人がこう言った。

「えっ、魚って浮いてるよね。だから重さは変わらないでしょ！」

いったい何を言い出すのだろうと思いながら反論をしかけたとき、まさかの展開が起きた。クラスの大半が彼に同意しだしたのだ。

「確かにプールで泳ぐときって浮くね」

「水に物を入れたら重さがなくなるんじゃないか」

「そうそう。（当時人気の女子プロレスラーの）ダンプ松本だって浮くじゃん」

「あ、分かった。鈴木君だけ沈むんじゃない」

クラスのみんなは、私に言いたい放題である。当時の私は作用・反作用という言葉を知らなかったので、「でも水かさは増えるよね。その水って重くないの？」「魚の代わりに水を入れたら、重くなるよね？」と半泣きで説得を試みたが、気がついたらクラス全員対私という構図になって、その構図は最後まで覆せなかった。

さらに衝撃だったのはディスカッション終了後、実際に魚を入れてみたときだ。「これで僕の正しさが分かってもらえる」と安心していたら、何のことはない。天秤が傾いた瞬間、クラスのみんなは白けた顔になっただけである。

そのとき学んだ教訓は2つある。

1つは多数決で決めることの恐ろしさだ。社会に出ると、「サイエンス」や「ロジック」が「民意」や「ムード」、「感情論」の前に敗北したり、ねじ曲げられたりする場面だらけである。真理を絶対的なものとして崇めるのは科学者だけで、世間にとっては「納得できるか、できないか」が重要なのである。

もう1つは、今の話にそのまま通じるが、自分が正しいと思っていることや信じていることに対して、所属する組織やコミュニティーに賛同してもらいたいなら「周囲を巻き込む技術」も必要になるということだ。小学生時代の私にはそれがなかった。作用・反作用という言葉を知らなかったことが敗因ではなく、ダンプ松本という例を超える、仲間を引きつけるアナロジーを思いつけなかったこと、そしてディスカッションの流れを変える実力がなかったことが敗因だ（そうした議論に慣れてきた今の私なら、戦略的にクラスの人気者をピンポイントで攻略して、オセロゲームで石をまとめて裏返すのと同じように、一気に議論の形勢逆転を狙うだろう)。

自分の研究してきた技術を社会実装したいなら、科学者にも高いコミュニケーション能力や交渉能力が必須である。もし自分がその領域を不得意と思うなら、私に代わって周囲を巻き込んでくれる出雲や永田、福本のような仲間を見つけるべきである。

おわりに

ユーグレナ社は2020年8月から新たに「Sustainability First(サステナビリティ・ファースト)」をユーグレナ・フィロソフィーとして据えた。社長の出雲の言葉を借りると「ユーグレナ社の北極星」。社内におけるあらゆる活動・判断において社会や地球のサステナビリティを最優先するという意思表明だ。

その中で私に求められるのは出雲のビジョンを技術面で実現していくことで、身の引き締まる思いである。

もともと「人と地球を健康にする」という経営理念を掲げていた会社なので、サステナビリティは常に意識してきたし、プロダクト・ポートフォリオとしても人々の生活において重要なものをつくり続けているという自負を持っている。しかし、サステナビリティという言葉を最優先事項に据えるのは経営者として相当勇気のいる決断であったはずだ。組織として存続するための収益づくりとサステナビリティを同じベクトルで実現するには、卓越したバランス感覚が求められる。

決断の背景には出雲の危機感がある。「このままでは地球に人が住めなくなる。それを左右するのは今の私たちのアクションだ」というのが出雲の口癖だ。19年、国連気候行動サミットでスウェーデンの環境活動家であるグレタ・トゥーンベリさんが歴史に残る演説をした。大人たちに向けられた彼女の「How dare you!（よくもそんなことができますね）」という言葉を聞いて出雲の決意は固まったそうである。

今、日本も、２０５０年に温暖化ガスを実質ゼロにするという目標を打ち出した。しかし、本気で地球を救うなら、そして本気で幸せな未来を用意したいなら、今のスピード感ではあまりに遅い。

政府も民間企業も地球規模の広い視野と１００年先を見据えた長期的な視点を持ち、今まで当たり前だと思っていた行動や考え方をドラスティックに変えないといけない。当社はそれをイノベーションで加速させる役割を担い、自己変容するためのロールモデルになることを目指している。

未来の主役となる若い世代の声を経営に取り入れるべく、２０１９年にＣＦＯ（Chief Future Officer：最高未来責任者）のポジションを導入した。18歳以下を条件として、当時の上場企業では最年少のＣＦＯを迎えたことも、ユーグレナ社としての経営への本気度の表れである。

読者の方にもお願いがある。もし当社の活動でサステナブルとは言えない活動が目に留まったら、すぐにご指摘いただきたい。

我々の活動すべてに関係するステークホルダー、ならびにこの世の真理を追究するすべての研究者に感謝を申し上げて結びとさせてもらう。

2021年3月　鈴木健吾

鈴木健吾（すずき・けんご）
ユーグレナ　執行役員 研究開発担当

1979年生まれ。2005年、東京大学大学院農学生命科学研究科修士課程在学中にユーグレナを設立し、取締役就任。16年、博士（農学）学位取得。18年より現職。19年、博士（医学）学位取得。理化学研究所 微細藻類生産制御技術研究チーム チームリーダー、マレーシア工科大学 マレーシア日本国際工科院 客員教授、東北大学未来型医療創造卓越大学院プログラム 特任教授（客員）を務める。

ミドリムシ博士の超・起業思考

ユーグレナ最強の研究者が語る世界の変え方

2021年4月19日　初版第1刷発行

著者	鈴木健吾
発行者	伊藤暢人
発行	日経BP
発売	日経BPマーケティング 〒105-8308 東京都港区虎ノ門4-3-12
編集	宮坂賢一
編集協力	郷和貴
装丁	ビーワークス（平岡和之）
本文デザイン・DTP	ビーワークス（露﨑れな、浅沼了一）
校閲	円水社
印刷・製本	図書印刷株式会社

本書籍に関するお問い合わせ、ご連絡は下記にて承ります。
https://nkbp.jp/booksQA

Printed in Japan
ISBN 978-4-296-10767-4